人類史上、かつてない試練

エコロジーの、社会的なカタストロフを前に

オレリアン・バロー

五味田 泰 訳

私たちの
無策に苦しむことになる
すべての生者へ、
恥を忍んで。

目次

序文

この小冊子は、二〇一八年九月三日にル・モンド紙で、女優のジュリエット・ビノシュとともに立ち上げた、二〇〇人の著名人（科学者、芸術家、哲学者、作家）が署名した呼びかけに続いて書かれた本の増補改訂版である。彼女には、ここで深く感謝したい。

私は天体物理学者であり、生態学者ではない。この本は網羅性や学術的な厳密さを目指すものではない。他にもより学術的で徹底した多くの声がある中で、私がこの警告の叫びをあげるのは、地球の住人として、また生けるものの一員としてである。世界を救うための具体的かつ正確な「行動計画」を描くにあたって、私には他のいかなる正当性もないのだ。

しかし、私は現状の把握に加えて、可能な解決策や指摘をいくつか示すつもりでいる。これらは即時に実行できる計画ではまったくなく、提案されるのは、考えうるいくつかの方策にすぎない。

私は専門家にとって代わるつもりはまったくないし、自分の行動が模範的だとも思ってはいない。私はここで、「教訓を与える側」に身を置こうなどとは思っていないのだ。その逆である。私の発言は素朴なものであり、そのことにおよそ異存はない。しかし、私は一市民として、ここで提起された重要な問題を、あらゆる手段を用いて公共の議論の中心に据え、政治的行動の中心に持ってくることが不可欠であると確信している。

私の同僚の気象学者や生物学者は絶望している。彼らは状況の深刻さをどう表現してよいか、耳を傾けてもらうにはどうすればいいか、もはやわからないのだ。

このささやかな論考には、政治に責任をとるようにする、すなわち毅然とした、強力な、そして迅速な対策をとることを促す以外の目的はない。また、それは私たち一人一人が、自然や動物たち、そして地球との関係に変革ないし革命を起こすことを促すものでもある。

これらの提案を、過激で大胆すぎると感じる人もいれば、控えめで慎重すぎると感じる人も確かにいるだろう。そのことは問題ではなく、緊急にしなければならない反省と、とりわけそれに続くべき行動の一つのきっかけとなることが重要なのだ。熱心に取り組む必要があるのだが、その逆に今日、反対勢力の運動が驚くほど高まっている。

この文章を書くべきであったかどうかはわからない。結局、そこにはあまり独自性のあることは書かれていないし、その存在自体が公害の原因にもなっている。しかし、世界の終わりを前にして、何もしないでいることはもっと悪いことのように思えた。この小さな本は、「最後のチャンス」に賭ける行為であり、権力に対する嘆願書のようなものだ。自分のあり方に革命を起こさないことは、「生命に対する犯罪」である。

今こそ私たちの世界の苦悩を直視し、真剣に取り組むべき時なのだ。

現状

私たちは、前例のない事態に直面している。未来は危機に瀕している。地球の歴史上、いかなる生物種も人類のように行動しはしなかった。今、未来が可能かどうか、これが問題となっている。その課題は膨大かつ多岐にわたる。それはすべての生物に関わることであり、種と個体という二つの視点から検討される必要がある。

地球の年齢は、宇宙の年齢のほぼ半分に相当する。地球の歴史は長く、そして激動の歴史である。原始の微粒子の引力による凝縮から、たくさんの隕石の衝突まで、その始まりは波乱に満ちていた。

しかし、生命はかなり早く、約四〇億年前に現われた。温泉状態の中で、物質は模索の結果、この特異な、おそらく唯一の状態を見出した。それは定義することが難しく、しかし現われるときには明らかにそれとわかるものなのだ。生命とは何であるか明確にはわからない。さまざまな定義を考え出すことはできる。しかし、地球外生命体はこれらの定義を満たすだろうか。もしそうでなければ、どうやってそれが生命だとわかるのだろうか。

生物はまだ多くの魔法と謎につつまれている。むしろ生物たちというべきか。生命の進む道は、あまりにも多様にして、独創的で、予測不可能であり、それを探求する人々を魅了し、驚かせ続けている。たくさんの精妙で美しい生物が日々発見され、私たちを驚かせると同時に感動させる。ペンギンを見るために南極に行く必要はないのだ。草原の一平方メートルには何十四もの昆虫が住んでおり、その複雑な構造や微妙な行動は、簡単なルーペで見ることができる。私たち一人一人がその一員となっているこの巨大な建造物は、非常に長い時間をかけてゆっくりと進化してきた結果としてここにあり、非常に壊れやすいものだ。それは大きな危機に瀕しており、すでに倒壊しつつあるのだ。

人類自身、自分がもたらした災禍によって大きな打撃を受けている。人類の三分の二以上が住んでいる土地の大部分では、人間の欲求に物質的に応えられるかが覚束ないほど、生物多様性が失われている。しかも、話はそれだけでは終わらないのだ。

不完全で、整然とはしていない形ではあるが、手早く状況を俯瞰してみよう。まず、私たちのさまざまな現状から始めよう。

地球上には約一〇〇〇万種の生物が生息している。それぞれの種には、紆余曲折や予期せぬ出来事に満ちた、独自の歴史がある。

地球史上六回目の大量絶滅が進行している。この点にもはや疑いはない。最近、CNRS（国立学術研究センター）の二人の研究者が、保全生物学の主要ジャーナルに掲載された一万三〇〇〇本の論文（一〇万人以上の研究者が関与）を分析した。その結果は実に明確なもので、進行中の危機に疑いの余地はいささかもない。生命は息絶えつつあり、現在の傾向では、すでに驚くべき速さで進行しているこの段階がさらに加速している。鳥類、昆虫、哺乳類や魚類、いかなる生物もこの危機を免れることはない。

四〇年間で、ヨーロッパでは四億羽以上、そして、アメリカでは三〇億羽以上の鳥が姿を消した。地球規模で見ると、野生種の約半数が打撃を受けている。地域による多寡はあるが、激減の傾向はいたるところで見られる。

IPCC（気候変動に関する政府間パネル）の生物多様性に関する報告書では、二〇世紀初頭に比して種の絶滅が一〇〇倍に増えたと推定されている。また、生物の多様性が著しく低下するのと並行して、個体数も大幅に減っている。まだ絶滅していなくても、動物たちは死んでいく。一九九〇年以降、ドイツでは飛翔性昆虫の数が八〇パーセントも減少している。チーターは数千頭しか残っておらず、ライオンは三〇年で半減し、オランウータンは危機的な状態にある。わずか一一年の間に、三分の一以上のコウモリが姿を消してしまった。

恐るべき規模での殺戮が行われている。

厳密な意味での種の消滅とは、その種を代表する個体が動物園にさえまったく残っていないことを意味する。この定義は非常に厳密なものではあるが、それでも絶滅していく種は多く、そのペースは速まるばかりだ。しかし、これは現段階では最も重要な基準ではない。地球上の生物の数がどんどん少なくなっているのだ。この「生命の消滅」を、専門家は「生物学的消滅」と呼ぶことがある。生物群そのものが危機に瀕しているのだ。一九七〇年以降、脊椎動物の数が六〇パーセント減少したと結論づけている研究もある。多くの無脊椎動物の状況はさらに憂慮すべきだ。まさに、世界的な大規模犯罪が平然と行われているのだ。

毎年、都市の面積は四億平方メートルずつ拡大している。農業目的の森林伐採はより深刻である。世界規模でも、人間の活動から大きな影響を受けていないのは地球の四分の一にすぎない。そうした土地は三〇年後には一〇パーセントしか残らないだろう。しかもそのほとんどが砂漠や山、極地なのだ。

公害によって、エイズによる死者の三倍ほどの人が死んでいる。年間約六〇〇万人が死亡しており、特に貧困国や急速な産業発展を遂げている場所では、公害は著しく増加している。

現在、一七カ国が「極度の水不足」、ヨーロッパの一部を含む二七カ国が「高度の水不足」の状態にある。近い将来、世界人口の二五パーセントが水不足に陥る可能性がある。二〇一九年夏の一日で、グリーンランドでは一一〇億トン以上の氷が溶けた。同年夏には、アマゾンで大規模な火災が八三パーセントも増加した。

大陸棚の水深一〇〇—二〇〇メートルの間には、かつての魚の個体数の一—二パーセントしか残っていない。

まさに生物多様性の象徴といえる、グレートバリアリーフの多くは急速に死滅しつつあり、マングローブも減少している。広大な海底が採掘によって荒廃している。

山の氷河が溶けることによって、山からの水で暮らしている二〇億人ほどの人々のもとに、まず大量の水がおしよせ、次いで急速な水不足が訪れるだろう。

植物の季節サイクルが乱れ、植物の多様性の崩壊が進んでいる。これは地球温暖化を加速するものだ。種の数が減ると、土壌中の窒素含有量が増え、平均気温も上昇するからだ。連鎖的に影響は増加している。

植物は、歴史的な標準の三五〇倍の速さで消滅している。

毎年、一五〇億本以上の木が姿を消し、農業が始まる前に地球上に存在していた木々の四六パーセントしか残っていない。

年間で約一〇〇〇億匹の海洋生物が死んでいる。網を引き上げると、減圧によって浮袋が破裂し、目が飛び出す。しばしば胃が口から出てくることもある。生き残った魚も窒息したり、圧しつぶされたりして、ゆっくりと死んでいく。しかし魚類の知覚神経・認知能力からして、彼らが痛みを感じていることに疑いの余地はない。多くの種が脅かされている。漁網は現在、三〇〇〇万平方キロメートルの海域を蹂躙し、無差別に、休むことなく破壊している。

二〇一六年だけでも、四〇〇〇万時間の漁船を使った商業目的の漁が行われた。漁船は一九〇億キロワットアワーを消費し、四億六〇〇〇万キロメートル（地球の直径の三万五〇〇〇倍以上）を走破した。海面の四分の三が影響を受けている。淡水魚はさらに急速に減少しており、個体数の減少は年に約四パーセントと推測されている。過去四〇年間で、大型種は八八パーセントも減少したと考えられている。そして、現在までに三七〇〇の大規模ダムが建設中または計画中であり、魚類の減少の主な原因の一つとなっている。

動物プランクトンの生物量も急速に減少しており、食物網全体に大きな影響を与えている。

最近、ベルギーで死んだカラスのヒナをサンプリング調査したところ、九五パーセントが殺虫剤に汚染されていたことがわかった。三六種類以上の殺虫剤が検出され、その中には数十年前から禁止されているＤＤＴも含まれていた。

種や個体のレベルにかかわらず、地球上の生命は危機に瀕している。人間は全生物の〇・〇一パーセントを占めているにすぎないが、文明の始まり以来、動物の絶滅の八三パーセントを引き起こしている。前例のない規模の大量殺戮である。しかもそれは人間自身を深く傷つけ始めている。

このような生命へのダメージ――数的な意味での生物多様性だけが重要なのではない――の第一の原因は、人間以外の生物が住める空間がなくなるか、細分化されていることだ。人間によって損害を受けている土地の面積が七五パーセントを超えた。動物たちにはもはや住む場所がない。人間が世界中に広がり、そのインフラが世界中どこにでもあるため、昼行性の種の中には少しでも自由を得るために夜に生活するようになったものもいる。人間の並外れた拡張志向は、他の生物を衰退させる最大の原因である。例えば、北米の長草プレーリーの九六パーセント、熱帯のサバンナの五〇パーセントが完全に「人間化」された地域となっている。この傾向は加速し、いまやほとんどどこでも見ることができる。

生物の崩壊の原因は他にもわかっている。侵略的外来種が持ち込まれると、他の生物に致命的な影響を及ぼすことがある。また、資源の過度の採掘も深刻な帰結を引き起こすし、汚染は短期的にも長期的にも壊滅的な影響をもたらす。もちろん「連鎖」効果――一つの種の絶滅が、その種に依存していた種の消滅につながる——もある。集中農業と農薬は、生物多様性の急激な減少の主要な原因となっている。

したがって、異常気象が唯一の懸念材料というわけではなく、多くのうちの一つにすぎない。しかし、それは現在進行中の環境危機の主要な部分であることはまちがいなく、今後ますますその重みは増すことだろう。最近発表された研究は、地球温暖化が確かに進んでおり、それは人間によって引き起こされているという、長い間知られていたことを裏付けている——統計的に見て、このことについて間違っている確率は〇・〇〇〇五パーセント以下である。この気温上昇は、生物が過去にそうしてきたように適応するには、あまりにも短い期間で起きているゆえに、懸念すべきものなのだ。私たちは未曾有の異常事態に直面している。

現在のところ、将来の温暖化の度合いを正確に数量化することは難しい。しかし、日々もたらされるデータから見ると、当初の推定よりも悪化する見込みであり、急上昇する可能性も否定できない。制御不可能な連鎖反応が始まり、地球の機能の微妙なバランスは崩れてしまうだろう。いずれの場合も、海面上昇、極冠氷塊（きょっかんひょうかい）の大規模な融解、島や沿岸都市の水没、頻発する大火災、あらゆる生物種の大量絶滅、深刻な病気の顕著な増加、サイクロン、暴風、洪水の増加、砂漠の大幅な拡大に伴う熱波、それに伴う動物個体数の減少などの影響が生じることだろう。

フランスの気候科学者の最新の計算によると、何も変化がなければ、今世紀末までに気温は七度以上高くなるという。

最近の研究では、二〇日以上続く致命的な熱波にさらされる人々の割合は、今世紀末までに七四パーセントにまで増加すると示唆されている。最近のサヘル地域を襲った干ばつは、少なくとも過去一六〇〇年間に前例がない。森林火災は数十年で四・五倍に増加し、最近の気象災害による損害額は米国だけでも三〇億ドル以上と推定されている。世界規模で、大量の罹災者難民が発生するのは避けられない。

約三〇年後には二億人から五億人――おそらく、それ以上――になると推定される気候変動による難民の例だけでも、問題の大きさは容易にわかるだろう。このような状況は、間違いなく地球規模の大規模な戦争や紛争を引き起こすだろう。歴史をふりかえれば、他の可能性はきわめて低い。国連によれば、二〇一八年のアフガニスタンでの干ばつによって、紛争よりも多くの人々が居住地を離れることを余儀なくされた。

二〇一八年の夏、アルジェリアでは気温が――日陰で――五一度を超え、オマーンでは夜の最低気温が一日二四時間で四二度を下回ることはなかった。二年前、クウェートでは六四度が記録されている。そのような温度になると、人間の体は機能しなくなる。血液は皮膚の毛細血管へ送られ、他の重要な器官への血流は減少し、脳へはもはや十分な血が送られなくなる。心臓は疲弊しつくすまで血液を送り続ける。

人口密度の高い国の多くは、人が住めなくなる場所となりつつある。特に、二〇七〇年まで予測を伸ばした場合、中国の大部分が居住不可能となる。

動物たちもこの耐え難い気温の影響を受け、大規模な移動にもかかわらず、かなりの範囲で減少している。温度が上がりすぎると、普段「協調的」な種の中で「攻撃的」になる種もいる。行動はもはや合理的ではない。脊椎動物の多くは、後数十年しか存続できない。植生も大きな打撃を受けており、全体の四分の一の種が間近な絶滅の脅威にさらされている。

最近、ナミビアでは歴史的な干ばつが起きた。人間もそれ以外の生物も、渇きや飢えで大量に死んでいる。この二年間、一滴の雨も降らず、もはや住めなくなってしまった広大な土地に白骨化した死骸が散乱している。

三〇年後の絶滅の速度は、通常の一〇〇倍から一〇〇〇倍になるという。国連は、今後二年以内に根本的な方向転換をしなければ、私たちは「直接的な存亡の危機」に直面すると推定している。その言葉には重い意味が込められている。「地球惑星」のシステムは線的なものではなく、いくつかの段階がある。もし次の段階を越えてしまうと、過激な禁欲主義を強いても、かなりの時間と不可逆的な損害なしにその傾向を逆転させることは難しそうだ。さらに国連は、表明された目標がまったく不十分であると強調している。しかし、これらの目標は現時点ではまるで達成されていない。現実の展開と、必要だと認識されている変革とのギャップは大きくなるばかりだ。

この五〇年間で、大気中の二酸化炭素濃度は増加してきただけでなく、その増加は加速している。そのレベルは、過去八〇万年の間に観察された自然による変動とは比べものにならない。

永久凍土の融解によってメタン――と恐るべき病原菌――が放出され、二酸化炭素によるものよりもずっと大規模な地球温暖化が起きている。さらに、氷河とともに永久凍土には約八〇万トンの水銀が含まれていると推定されており、これが飲み水に放出されることになる。

同時に、太平洋の「プラスチックの海」の大きさはフランス本土の三倍に達しており、最新の研究は、この一六〇万平方キロメートルの廃棄物の質量が指数関数的に増加していることを明らかにしている。海に漂うプラスチックによって、毎年約一〇〇万羽の鳥類と一〇万頭の海洋哺乳類が命を落としていると推測されている。現在のペースでは、廃棄物の発生量は今後三〇年間で七〇パーセント増加し、三〇億トン以上になるだろう。人間の健康や環境への影響は深刻であり、それらに対応することには、これらの汚染物質の排出量を大幅に削減するよりもずっと費用がかかる。現在、毎年約二億六〇〇〇万トンのプラスチック廃棄物が出ている。他方、コンクリートを作るために、天文学的な量の石や砂が使われている。廃棄物の八一パーセント以上は、再利用もコンポスト化もされていない。ペットボトルは一〇〇〇年近く分解されず残る。

都市部では、人口の八〇パーセントがWHO（世界保健機関）の勧告を満たさない汚染レベルにさらされており、二〇〇八年から一三年の間に、汚染は八パーセント増加している。

汚染水は、世界で年間約五〇〇万人の人命を奪い、動物の個体群への致死的な影響も急速に増加している。

ごく最近、フランス政府は、残酷で無差別な方法（特に鳥もちの使用）による一五万羽の鳥の捕獲を許可したが、この数字は前年よりも増加している。

毎年、八万平方キロメートルの森林が失われている。その面積は常に増え続けている――更地となった面積が広がるだけでなく、さらに伐採そのものも加速している。今のスピードでは、一〇年後にはパラグアイ、ラオス、赤道ギニアから原生林が姿を消すことになる。今後一〇年間で、この現象はアフリカやアジアの他の国にも広がっていくだろう。

四世紀前、地球表面（海を除く）の三分の二は森林だった。世界の森林の七〇パーセントでは、ランダムに選んだ地点から一キロメートル進まないうちに森が途切れる。世界の二酸化炭素排出量は二〇一七年から再び増加している（フランスを含む）。排出量は年間四一〇億トンに達し、史上最大の値を記録している。地球温暖化が予測を超えて進み、制御不能な連鎖反応が起こる可能性は現在、非常に高いと考えられている。二〇一八年、排出量の増加はさらに加速している。一方、気温上昇を管理可能なレベルに抑えるためには、今後一〇年間で二酸化炭素排出量の四〇パーセントの減少が必要であるという。現在のペースで気温の上昇が続けば、防ぎようのない災害が起きる可能性が高い。

二〇一五年にフランスで提案された国家低炭素戦略（ＳＮＢＣ）は非常に控えめなものだが、一六年現在、交通機関の領域でも建築領域でも達成されていない。

シミュレーションの結果は明白である。地球温暖化によって大きな被害を受けるだろう国――その大多数は貧しい国――は、その責任を負う国――その大多数は豊かな国――ではない。それだけ温暖化に対抗する努力は難しくなる。

ロシアは北極圏の鉱床採掘を推し進めるべく、海上原子力発電所を使い始めた。

両生類の四〇パーセント以上、サンゴ礁の三三パーセント近く、哺乳類全体の三分の一以上が脅かされている。

最も多くの種、最も多くの個体、最も多様な行動パターンを持つ生物群である節足動物の生物量は、ここ一〇年間だけで六七パーセントも減少している。

デニス・メドウズは、一九七二年のＭＩＴ（マサチューセッツ工科大学）の有名な報告書の著者であり、さまざまな点での先駆者である。彼は現在、「優勢なのは崩壊シナリオだ」と考えている。彼はまた権威主義の急激な台頭を恐れている――もちろん「緑の独裁」という悪い冗談からではなく、地球温暖化の間接的な結果としてだ。

海にはおよそ五〇〇の「死の海域」がある。酸素が少なく、生物はそこで生きていくことができない。メキシコ湾にある最大級の死の海域についての最近の研究によれば、海に流れ込む河川からの汚染によってこうした海域が急速に拡大しているという。

サメは四億年以上前から生息しているが、現在その八〇パーセントが絶滅し、現存種もすべて危機的な状況にある。その一方で、毎年八九〇〇万人が新たに誕生しており、彼らを養わなければならない。状況は控えめにいっても危機的といえる。

シンプルで急を要する変化へのアウトライン

災害を食い止めるために、いくつかのシンプルな方向性を手短に示すことができる。それらは早急に実行できるものだ。もちろんそれらをどう具体的に実行するかは、個々の状況によって異なり、その判断はこの小冊子の枠をはるかに超える。それらには「コスト」が伴うことも明らかだ。しかし、純粋に経済的な意味でさえ、何もしないことのコストはさらに大きいということは今日広く認められている。私たちが直面している問題は、計り知れない大規模なものであり、他の問題とは比較にならないものだ。

最も重要、最も簡単で、最も急を要し、かつ最も有用な第一の行動軸、それは消費を減らすことである。資源の使用量の指数関数的増加は、有限の世界ではいつまでも続けられることではない。物理学では、このような挙動を「不確定性」と呼ぶ。一般的に不確定性はシステムの破綻につながる。消費を減らさねばならない。それは「地球」というシステムの「破綻」を回避するための可能な未来への鍵なのだ。

消費を減らそうとすれば、経済の後退も必ず起こるだろう。おそらく、快適さを失うこともあるだろう。しかし、それが致命的なものになれば——現在まさにそうなっているが——、経済成長にはもはや意味も利益もない。経済成長は手段と目的とを混同している。

現在の重要な問題は、この脱成長をどのように実行するかである。個人の発意か政治的決定か？　前者はより柔軟で穏やかなものだ。例えば、過剰に使用されているエアコン——暑さを逃れようとして使うと、気温上昇の原因となってしまう——、一人で自動車を使うこと、病的な過食を止めることなど、私たちにできる進歩の余地は広大である。特にこの最後のポイント、食は重要である。食肉産業は最も汚染を引き起こす産業の一つであり、菜食への移行はエコロジーにとって非常に有益である。牛肉一キログラムをうるには一万リットルの水が、肉一カロリーを作るには植物性の食物四—一一カロリーが必要となる。畜産は交通輸送を含み、他のどの活動よりも多くの温室効果ガスを排出しており、二〇五〇年には世界の食糧不足の最大の原因になるだろう。また、菜食は人間にとって有益である。肉を控えると、個人単位では、心血管疾患や糖尿病、ある種の癌が減る。もし人類が完全に植物ベースの食事に変えた場合、死亡率は六—一〇パーセント低下するという。また、世界規模で見れば、肉なしの食生活ができれば、より多くの人間が生きられるという——家畜を育てるための穀類は人間も食べられるからだ。もちろんそれは家畜にとっても有益である。劣悪な条件下で生きる彼らは、しばしば耐え難い条件のもとに殺されるからだ。例えばフランスでは、毎年何百万頭もの豚――非常に敏感な動物である――が屠殺場に着く前にパニックや不適切な扱いによって死んでいる。九九パーセントのウサギは小さな小屋の外に出ることはなく――彼らには種本来の基本動作、すなわち飛び跳ねる機会は一度もない――、八〇パーセントの鶏は日光を見ることがない。毎年約一〇〇〇億頭の動物が食用として殺されている。

例えば、まず学校や職場の食堂、すべてのレストランで、ベジタリアン向けの代替品を提供するように定めるのは容易であろう。官公庁の食事が手本になることだ――COP（国連気候変動枠組条約締約国会議）の昼食や夕食で肉が出される光景はまったく信じがたいことだ。もう馬鹿げた食事を続ける必要はないのだ。しかし、このごく小さな変化さえも、現在容易にはいかない。

第二の可能性である「強制的な」脱成長にも、道理がないわけではない。政治や法律は、個人の責任だけでは足りないときの、まさに「引き継ぎ」の役割を担っている。殺人を犯さないよう呼びかけるだけでは不十分で、殺人を禁止しなければならないことには、みなが同意するところだろう。法の役割は、公共の善に有害すぎる、ある種の個人の自由を制限することである。こうして、実際には本質的な自由が守られるのである。この公共の善に、エコロジーの要請を含めるべき時ではないだろうか。気候面で無責任な、あるいは一般的に生命を害するような行動は禁じられるべきではないだろうか。すでに部分的にはそうなっているが、まったく十分ではない。より徹底して、より迅速に行動すべきではないだろうか。企業は多くの複雑な法律で守られているが、地球を守ることはそれにも増して急を要しているのではないだろうか。

もちろん、環境のための独裁制をとろうというわけではない。そうではなく、ごく素朴に最悪の事態を避けるための手段を講じることであり、生命には金よりも高い価値があると考え、生命は保護されるべきと考えることである。そして、この枠組みの中で、自然を破壊しない自由を学び直すことである。事実、自然こそがこの自由を可能にしてくれるものなのだ。問題は、どこにでもある、やがて犯罪となる自己矛盾を回避することに他ならない。幸いなことに、私たちには同胞を拷問したり、凌辱したり、切り刻む自由はない。なぜ、私たちには自由に世界を破壊し、子どもたちがそこで生きられないから殺すなどと決めることができるのか。生命を否定する自由を守るために戦うべきだろうか。

私たちの行動に、節度がわずかに要求された結果、自由がほんの少し奪われたとしても、それは恩恵の大きさによって正当化されるのではないだろうか。私たちの日常生活の自由は、明らかにひどく制限されている一方で、なぜ最も必要なもの、最も重要なもの、最もかけがえのないものが、法律による保護から漏れているのだろうか。もし私たちが行動しないのならば、やがて夏に家から出る自由もなくなり——五〇度では身体は機能しない——、やがて存在する自由もなくなるだろう。これは、私たちの根本的に有害な行動を避ける、現在の小さな努力よりも、より「劇的」な損失ではないだろうか。私たちの財産は法律で守られているのに、命はそうではないことが受け入れられるだろうか。

この本質的な問題——民間の発意か、公的な強制かの選択——は、述べてきたすべての点に関係している。しかし、実際は合理的な議論が個人レベルの合理的な行動につながることはごくまれである。それゆえ、政治機構がこれらの問題を取り上げ、なすべきことを示す役割を果たさねばならないのだ。もし、私たちを救うことができないのなら、政治機構など何のためにあるのだろうか。ヨーロッパの経営圧力団体が、二酸化炭素排出量削減のごく控えめな目標を阻むために結託しているように思える今、私たちが選んだ者たちは責任をとり、まだ行動の余地があることを証明することができないのだろうか。それは無知な大衆を彼ら自身から守るような、素朴な温情主義に頼ることではまったくない。その反対に、個人の衝動を超えた共通の意志の政治的「具体化」が課題となるだろう。

現在、フランスの領土のうち、実際に保護されているのは〇・〇二パーセントにすぎない。これは極めて低い数値である。生息域の急速な消失は、動物個体群の崩壊や種の絶滅の重要な原因である。人間の拡張主義は、他の生物を犠牲にするものであり、危険なレベルに達している。多くの人々が劣悪な環境で暮らしている今、根本的な難題が現われている。それは、富の共有（二〇一八年、CAC〔顧客獲得単価〕上位四〇グループは、合計一〇〇〇億ユーロの利益を上げた）と、自然における私たちの立場についてのより理にかなったヴィジョンがなければ克服できないものだ。まだ「人間化」されていない空間を空白の地――無条件に「利用可能」であるという意味で――と考え続けるのは、不合理に思われる。事実それらの空間は空白などではないのだ。逆に、人間以外の多くの生き物がそこでは暮らしている。したがって、野生の場所の衰退に根本的な歯止めをかけることが急務である。さらなる大変動に備え、生物多様性の崩壊を防ぐ最後の砦として、海洋・陸上の自然保護区の数を増やし、拡張し、ネットワーク化することが必要である。

汚染は、多くの動物だけでなく、人間にも影響している。大気も水も土壌も、今日文字通り毒されてしまっているのだ。フランスでは汚染による早逝が年間五万人に迫ると推定されている。この恐るべき数字は上方修正されたばかりのもので、今や汚染によって煙草よりも多くの死者が出ているのだという。この劇的状況において、「環境緊急事態」の宣言が必要なのではないか。これこそ、純粋に合理的な観点から、公共活動の真の優先事項なのではないか。

自動車の影響はまったく無視できないものであり、その使用を大幅に削減する必要があるのは明らかである。これによって快適さを失う人もいるだろうし、大きな困難を覚える人もいるだろう。生活様式を変えるには、――従来の指標から評価すると――努力が必要である。これらの努力は地域社会がすべきものであり、すでに困難な状況にある人々がすべきものではない。エコロジーが社会と対立することは、前者にとって自殺行為であり、挫折と自己矛盾につながる。しかし、個人が自動車を無暗に使い続けること、現在大部分をトラックが担っている貨物輸送を続けることはもはや不可能である。税制優遇による奨励策や法による禁止（もちろん正当な例外や、特に代替手段の導入を含む）を通じて――もちろん、自動車のみがその原因ではない――大気汚染による大虐殺を食い止めなければならない。大気汚染は直近四年間で、テロによるもののおそらく七五〇倍の死者を生み出す原因となっており――もちろんテロを、まったく正当化するものではないが――、CO_2や微粒子の排出以上に、環境をみなにとって住みがたいものにしている。しかし、繰り返すが、その変化が社会的に不当なものではないことが重要である。赤いニット帽、黄色いベスト運動に政府は譲歩した。富裕層が行動を変えなくてすむ一方で、貧困層には非常に困難な変化を強いるような施策は、うまくいかないし、望ましいものでもない。私たちは誰しも、モデルを間違えたことを認識する必要があり、集団で解決に取り組まなければならない。

移行に資金を提供するのは、そのための財力を持つ人々の役目である。それは倫理的に正しいからだけではなく、現実的にもそれ以外の方法では、以降、何も実現できないからだ。

電気自動車——それほどパワーはなく、速度も出ないが、そういうものとして受け入れなければならない——は短期的には可能性のある方法であるが、汚染を都市の外に移すためだけに使うべきではない（使用する電気は、どこかで生産しなければならない）。それは悲しい現実を一時的に隠してしまう悪い結果になるだろう。数年後には、ガソリン車よりコストが安くなることは今や確実である。それはおそらくよい報せなのだろうが、もう一つリスクがある。それは、自動車の利用が再び増えることだ！　こうした微細な適応にとどまらず、自動車への依存から脱するために、持続可能な形で領域を整理しなければならない。

公共交通機関の普及と、この分野で最もエネルギー消費の少ない方法を優先させることとが不可欠である。もちろん、自転車専用道路は歓迎されるべきだ——そして、それは単なる「ボボ」〔Bourgeois-Bohème の略。裕福かつ自由な生活をするブルジョワ階級〕の楽しみではない。現在のように短距離であっても自動車を広く使用することは許されないのだから。長距離輸送において最も汚染度の低い交通手段である鉄道に対する税政上の冷遇は止めるべきである。特に、採算のとれない路線が維持されるよう、鉄道の運営は非営利の公営企業が行うことが重要であると考える。

航空輸送もまた汚染の主要な原因であり、いかなる理由であれ、これが物品の「通常の」輸送手段になってはならない。また、ビジネスやレジャーでの利用が一般化していることも問題である。空を飛ぶことは「重大」な行為であり、その重大さが意識される必要がある。

海上輸送もまた、特にそれが排出する微粒子の点で環境に対するコストが高いため、地産品を優先して選ぶべきだ。

観光は地球の変調に重くのしかかってきており、規制が検討されるべきかもしれない。もはや、経済的な要請のみに、あるいは地球の裏側で休暇を過ごす余裕のある人々の無責任な快楽主義のために、すべてを犠牲にすることは不可能である。他にもっと根本的な真実が私たちに突きつけられている。悲しむべきかもしれないが、好むと好まざるとにかかわらず、それらは存在する。世界は恣意的なルールのあるゲームではない。私たちのありかたがもたらす結果を無視することはできない。いずれにせよ、それらの真実は容赦なく明らかになってきている。

今日、課されている変化の必要は、一見禁欲に見えるかもしれないが、多くの可能性を秘めた現実との新しい関係を探る機会でもある。素晴らしい動物や、思いがけない風景、驚くような人々を発見するために、飛行機で一万キロも移動する必要はおそらくなく、今ここにある謎に満ちた文字通りの魔法をこそ見直せば、より優れたものが見出せるだろう。他者を発見するために地球を駆け巡ろうとする前に、同じ階の隣人と話してみようと思うことはあっただろうか。周りの動物や木々を本当に見ようとしただろうか。

くりかえすが、社会的側面、より一般的に人間的な側面は決して無視してはならない。それらは一貫したエコロジーと常に結びついているものであり、一次的なものに付随する「二次的」な事柄ではなく、根本的に一体なのである。私たちは世界での生き方を再検討しなければならないのだろう。今の勢いを保つことは、たとえ技術面での大進歩があったとしても、もはや不可能だ。すでに以前のようには移動することはできないし、今のようにものを作り替えることもできない。今のような消費も殺戮も不可能だ。この明らかな現実を受け入れる以外の選択肢はない。もちろん、誰かを「犠牲にする」ことがあってはならない。人気取りのための大言壮語を超えた真の人間の連帯のみが、十分な進歩をもたらすことができるのだ。地球規模で見ると、ごく少数が世界人口の半分の財産を所有しているのが現状である。これは理不尽なことであり、耐え難いことである。ほとんど破廉恥と言っていい。

材料に関しては、プラスチックの使用が特に問題で、大幅に削減する必要があり、最終的には禁止されるべきだ。プラスチック製のストローや綿棒をなくすだけでは十分ではない。こうした見かけだけの対策は三〇年前には意味があったかもしれないが、現在はもはやそうではない。インドでは、マハーラーシュトラ州（ムンバイを含む）がプラスチックの使用を全面的に禁止している。コスタリカは二〇二一年までに国内全域でプラスチックを禁止する。フランスでは、使い捨てのプラスチック製品を廃止する法律が否決されてしまった。この緊急事態が政府に理解されていない。政府は、対策が遅く不十分であるにもかかわらず自身を「合理的」だと思っているが、実際には崩壊と不可逆的な大災害の到来を促している。

　大量の殺虫剤使用は、対象の種を殺すだけではなく、対象の虫を捕食する多くの動物の死をもたらし、動物個体数に大きな影響を与えている。殺虫剤の約九八パーセントは標的以外の種にも害を及ぼすのだ。アメリカだけでも、年に六二〇〇万羽の鳥がそれによって死んでいると考えられている。また、人にも癌や胎児の奇形を引き起こす。「有機的」代替案は周知のもので、環境に対するプラスの効果に加えて、経済的にも農業従事者に有利である。積極的な政策によってこれらの代替案を優遇することが重要なのだが、高まり続ける消費者からの強い要望にもかかわらず現時点では実現されていない。こうした変化は、支援なしでは購買コストの上昇を不可避的に引き起こすもので、消費者・農業従事者両方に対する具体的な補助対策によって支えられる必要がある。この問題は単なる些事ではなく、集約農業によって荒廃した土壌の保全に関わるものである。さらに言えば、私たちみなの未来を作るための真の革命を行うべき時であろう。真のエコロジーへの移行は、少なくとも経済の軌道修正なしにはうまく運べない。私たちの取引の様式をまったく変えずに現在進行中の破壊を止めることはできない。世界を救う「奇跡」も、即席の科学的な発明もないだろう。いずれにせよ、何も変えないのは望ましくない。今も毎六秒ごとに一人の子どもが餓死している。仮に気候がよいとしても、人類は健全とは言えないのだ。

先に述べた問題と深く関係する気候変動の具体的な問題については、すでに示した、同じく気候にも影響を与えるものに加えて、いくつかの簡単な転換を提案することができる。消費の削減は避けられないが、さらに自発的なものであれ強制であれ、常用エネルギーの効率を改善する必要、非炭素エネルギー（水力、太陽光、風力、バイオガス、バイオマス、地熱など）への転換を緊急に促進する必要がある。

建築物の断熱面での改修を一般化することで、効率の相当な向上が見込まれる。ここには大きな発展の余地があるが、これはグリーン・ウォッシング〔見せかけだけの環境への配慮〕ではない。また、住居を大きくしすぎないことも重要である。数百平方メートルのアパートはカップルに必須ではない……同時に多くの人々が劣悪な環境に暮らしているのだから。

化石燃料を用いないエネルギー源への転換は、純粋に政府の責任において、長期的視野をもって行われるべきである。すでに変化は起きている。太陽エネルギーは、飛躍的なコストダウンにより、世界で最も安価な発電源（石油、ガス、石炭、原子力よりも安価）となった。残念ながら、フランスはこの分野で大きく遅れをとっている。発電施設の更新には数十年かかる。これ以上遅れることなく、作業を加速しなければならない。ヨーロッパでは、即時に石炭発電所を閉鎖し、ガス発電所の使用も削減すべきだ。貯蔵量の問題が生じるだろうが、今後一五年ではそれほど重要な問題にはならない。最後に、電力用ではない、主に熱に関連したエネルギー生産源を開発する必要がある。家庭や農業、野菜由来の廃棄物を使ったバイオガスの開発、熱生産用のバイオマスの利用を促進する必要がある。もちろん、それは生物多様性に対して有害なものであってはならない。*

＊　これらの議論の一部は、国立学術研究センターの研究ディレクター、フレディ・ブーシェの研究に拠るものである。

さらに、純粋に経済的なレベルでも、スターン報告以降、気候変動に伴う法外なコストから考えて、この現実に直面して何もしないのは、エネルギー転換よりもはるかに高くつくことが明らかである。転換のためのコストは、むしろマイナスであると考えるのが理にかなってさえいる。しかし今日、経済的な阻害要因が存在する。金融システムが転換において、長期にわたる投資効果を考慮することができないということだ。環境経済学者たちは、最貧困層への負荷なしにエネルギー転換へ投資を振り向けられるよう、一致して取引ツールの大幅な見直しを求めている。

さらに、エコロジーによる変化で苦しむ人が出ないように、こうした変化に起因する転業を共同体が支援することが不可欠である。私たちは現状のままではいられない。そのため職業を変えなければならない人々が、個人的にその代償を払う必要はない。負担はわかち合わねばならない。

大規模な計画が検討されている。例えば、金融・気候協定では、欧州投資銀行（ＢＥＩ）を持続可能な開発銀行とし、エネルギー転換にゼロ金利で融資することが――欧州における利益に対する税の創設と合わせて――提案されている。フランス環境・エネルギー管理局（ＡＤＥＭＥ）は、九〇万の純雇用が創出されると推算しており、その変化は投機から離れた資金創出へとつながる財政健全化を伴い、国際通貨基金（ＩＭＦ）の勧告に沿ったものともなる。国連で議論されている環境世界協定では、国々の権利と義務を規定した、野生動物保護に関わる条約の批准が提案されている。その目指す目標は控えめなものだが、現時点では採択されていない。

ヨーロッパ――過去二〇〇年間、世界最大の汚染源であった――には、アフリカとともに、模範的なエコロジー移行軸を作るチャンスが与えられている。ヨーロッパという概念が今日、魅力を失っている今——シリア難民の非人道的な扱いに加え、見捨てられ、辱められたギリシャの悲しいエピソードの後、そうならないはずがない——、そしてヨーロッパ経済がアメリカや中国の経済に対して競争力をもはや持たない今、ここにこそ世界規模の大きな、刺激的なイノベーションの可能性があるのではないか。もしヨーロッパが何らかの形でまだリーダーたりえるならば、それはこの分野であり、それは少しも些末なことではない。

私たちは歴史上最大の危機のただ中にあるが、初等・中等・高等教育はそのことを忘れているように思われる。それを「余白」で扱ってもまったく意味はない。環境の危機を、「他と同じような」事実として語る価値はない。私たちは若い世代に、事態の本当の深刻さを教えなければならない。地球温暖化の影響がまだそれほど実感されないのに、四〇年間で地球の野生生物の六—七割が姿を消しているのだ。私たちは彼らに隠すことなく、真実を教える必要がある。学校や大学は何としてもこの虐殺を防ぎ、そしてその原因を明らかにすることを目指さねばならない。しかし、私たちが怠ってきた努力や、持とうとさえしなかった考えを、次の世代に求めることに甘んじてはならない。集中的で必須の教育が、すぐ取りかかるべき変化を支えねばならない。さもなければ教育は知られていることと、実際になされていることとの隔たりによる認識の違いを大きくするだけだろう。さもなければ他のあらゆる教育は、すでに死にかけの世界を想起させるだけのものになるだろう。

私たちは一八〇度方向を変える必要がある（次章で再び触れる）。もはや、消費の「成長」を重視する政策は不可能である。それは文字通り、麻薬漬けで依存症となった人に対して、致死量まで投与する幻覚剤を増やすに等しい。それは短期的には症状を隠すかもしれないが、それによって死はより早く、より激しい苦痛を伴うものとなる。これは火急の問題である。ここで「甘い夢を見ている」のはエコロジストではなく、自然の基本法則を欺く（あざむく）ことができると考えている者たちのことだ。そして彼らの夢は私たちの悪夢となる。この成長の逆転は、もちろん生活の質が失われることも、医学の発展を止めることも意味しない。

多少なりとも事態を改善できる、日常の「小さな身振り」についてはよく知られている。

・　自動車での移動は減らす
・　無責任なサイトでの買い物を減らす。これらのサイトは近隣の商業を圧迫し、しばしば国に対する納税を逃れている
・　大規模商業施設での買い物を減らす
・　加工食品はなるべく買わない
・　地産品をなるべく選ぶ

- 肉の消費を減らす
- 余裕があれば、より「オーガニック」な製品を買う
- 冷暖房の使用を減らす
- 節水
- 化学物質の使用を減らす
- 廃棄物を減らす
- プラスチック包装を拒否する
- いっそうの分別
- いっそうの分配
- 資源のいっそうの共有
- 技術製品の買い替えを控える
- 中古品を優先して使う
- 買い替えよりも修理を選択する
- 社会的に好ましくない行為をする企業をボイコットする
- 生物の生息地を尊重する

これらの実践はもちろん望ましいもので、みなによって実践されるべきものだ。しかし、

これらの実践だけでは十分ではない。始めるのが遅かったからだ。また、それらはシステムに関わる問題を阻止することはできない。国家は生命の尊重を絶対の優先事項としなければならないし、市民たちはこの道を進まない者を代表者に選ぼうなどと考えてはならない。

政治レベルでは、多くの緊急対策が「自明」となっている。

- 環境への影響に基づく税制（環境を汚染する包装、代替手段があるときの炭素エネルギー使用に対して重い罰則を課すなど）を定めることで、工業生産様式の変化を妨げる無責任な行動を法的に禁止する
- 地球に関する地域・世界的なデータ（CO_2 排出量、気温、失われた森林のヘクタール数、溶けた氷の量、大気汚染など）の変化について、公共チャンネル（テレビ、新聞、ラジオ）を通じて市民を定期的かつ体系的に啓発する
- 人間と土壌を尊重した合理的な――殺虫剤を使わない――運営に向けた農業モデルの見直し（化学ではなく生物学）。
- 経済の再地域化、および個人の乗り物のかわりに公共交通機関を振興する
- 炭化水素排出に対する法の適用と強化
- エコロジー発展への財政支援に向けた、税金逃れに対する戦いと資本所得に対する

課税

・公共の福祉を目的とする正当な公的サービスの保護

・「管理の経済」から脱却し、「歓待の政治」を目指す（特に病院、要介護高齢者施設――今日患者はもはや非人間化する医療システムの中心ではない――そして教育機関において）

・自然や生命を著しく害する無責任なふるまいを法的に禁止する

・真の富の再分配を目指す、連帯の経済政策の実施

・工業・加工製品のトレーサビリティ（その商品の由来（いつ・どこで・誰によって）を明らかにする）の義務化

・急激な都市化の抑止と長期間、人の住んでいない住宅の買い上げ

・世界的に持続不可能な「出産奨励政策」の放棄

・エコロジー危機と可能な解決策を小学校から、より掘り下げて教える

・可能な限り菜食、もっといえばヴィーガン食を振興する

・広大な野生動植物の「保護区」を作り、「処女地」保全に対して税制誘導を行う

・新たな幹線道路建設の停止

・破壊的な産業、漁業技術の放棄

・海洋汚染除去に向けた大規模な活動の展開
・保護すべき種（しゅ）を増やし、関連する禁止事項を設ける。
・エコロジーへの移行に伴う職業転換を財政的に支援する。

世界の終わりに対して、緊急に、そして自発的に戦わなければならない。
その戦いはまだ始まってはいないのだ。

エコロジーと社会とを区別すべき理由はない。それらは同じ身振りに属するものだ。すなわち、共同の思考である。それは同類や環境に対し、まるで捕食者のように抑圧的にふるまわなければ、人間は完全に自身たりえないという恐ろしい神話を解体するものだ。どちらも、多重、多様、リンク、共有というヴィジョンで表現されている。どちらも複数の存在論を考案している。仲間や環境に対する捕食的抑圧の行使においてのみ、完全に自分である人間という恐ろしい神話をあえて脱構築する、共通の思考である。どちらも、複数性、多様性、つながり、共有というヴィジョンへとつながっており、複数の存在論を創出するものだ。

地球規模で問題を解決するには、最も環境を汚染している企業に徹底的に課税すればよい、という主張がよくある。それはもちろん必要なことだが、しかし、それだけでは十分ではない。企業は現実と切り離されているわけではない。私たちが買うものを作っているのは企業なのだ。また、そこには私たちの期待も反映されている。一部の——そして少なくない——企業が社会的、環境的に無責任な態度をとっているとすれば、それは私たちがそれらの企業の提供するものを選ぶことによって、それらを支持しているからでもある。企業は自分でも創っている、期待に応えているのだ。この問題には、地域的、世界的側面の全体を含めて、厳密な方法で取り組まねばならない。そう、フランスの大規模店舗やインターネットで安値に売られている服は、しばしば悲惨な人間的、環境的条件で作られたものなのだ。それらを作るべきでないならば、買ってもならない。しかし、これは本当の意味での富の再分配によって、各人が違ったあり方に到達できなければ可能とならないことだ。問題のさまざまな次元は切り離すことができないものなのだ。

また、地域でのアクションは、国全体のヴィジョンよりも柔軟で、迅速、より効果的であり、地域の特性により適していることも注目すべき点である。ゆえに、自治体も環境の危機に関わるプランを実施する必要があり、私たちが首長を選ぶとき、この要請は無条件に重要である。都市の中心部の商業が多少苦しんだとしても……問題は全体にかかわるものなのだ。

短期的に可能な進歩の手がかりはこのように無数にあり、私たちの経済・政治システムの根本的な変化を必要としない。現状の著しい深刻さと問題の重要性の高さとに比べれば、これらの実践はそれほど複雑ではない。他にもしなければならない戦いはたくさんあるが、この戦いに負ければ、もはや他のどの戦いも始められないのだ！

根本的な変化

先に述べてきた「応急処置」を超えて、より根本的で、徹底した、革命的な変化が必要だと考えている。

行動しないことの主要な理由の一つは、この災禍の原因をめぐる論争である。それぞれが分析をしている。資本主義が明白な原因とする人もいるし、人口動態にそれを求める人もいるし、また宗教がそうだという人もいる。原因に関しては、決して同意に至ることはないだろう。つまり、行動しないで大きな原因が——各人はそれが何かを明らかにしたと考えているのだが——、つまびらかにされるのを待っているならば、私たちは決して行動しないだろうということだ。例えば、新自由主義を災禍の主な原因とした場合——これは理にかなっている——、行動に移るのに「革命の夕べ」〔アナーキストのいう、革命が成就する日〕を待つ必要があるのだろうか。そんな日がやってくることはほぼないだろう。そして、それを待っているのは自殺行為である。その前に「世界の終わり」が訪れるだろう！

今回だけは普通の順序を逆にして、原因より先に、生命や未来の否定である結果に取り組むべきだと思う。行動しよう。結果に対象を絞って、今、行動しよう。それを可能にするのはどんなシステムなのかを見てみよう。まずは終わりから始めよう。そうすれば、原因が明確になる。変化は根本的なものでなければならないことに、疑いの余地はない。

エコロジーは、いかなる政権にとっても最優先事項でなければならない。私たちは、ゆるぎなく明確で具体的な対策を実践しない者を選ばぬよう、固く肝に銘じる必要がある。それは生物の破滅を避けるためであり、必要な際には、ロビー、金融勢力に対抗することも必要である。それは簡単なことではない。現在の世界の経済システムでは、事実上不可能かもしれない。そうだとしたら、システムを変えるか、息絶えるかだ。環境相などあってはならない。これを担当するのは首相であり、大統領だ。エコロジーは私たちの「生命線」である。生命線から離れて生きることはできない。自然は一つの省に属するものではない。自然とは、私たちの世界の名に他ならない。一つの世界が終わるのであり、世界そのものが終わるのではない、人類の――ありうる――終わりにすぎないという主張を読むことがある。それはしかし矛盾した分析である。世界は人間だけで構成されているわけではないと考える――それは理にかなっている――とすると、人類のみが危機に瀕していると主張するのは誤りである。私たちが破滅へ向かうとすれば、文字通り天文学的な数の現存の生物を道連れにすることになる。世界は人間だけでできていると考える——それは馬鹿げた考えだが、広く浸透している——とすると、それは確かに世界の終わりとなるだろう。いずれの場合も手の施しようがない。私たちが直面している危機のレベルが「世界の終わり」と呼べないとしたら、私は何がそう呼べるのかわからない……。

政権を監視し、唯一合理的に受け入れられる優先事項に従って行動させよう。正義は無分別でいきすぎた消費の擁護者たちの側にはないことを、絶えず見せつけよう。

先に述べた変化は比較的シンプルであり、一部最大公約数的でもある。ほとんど些細な変化と言え、実際、不十分ではないと思える。

当時、スウェーデンの女子学生だったグレタ・トゥーンベリが——以来、メディアで頻繁に扱われているが、これについては後でまたふれる——、授業に出るのを拒否した言葉が大きく取り上げられたのは記憶に新しい。

彼女は最初のスピーチで、私たちがその将来の可能性そのものを閉ざそうとしている今、子どもたちを学校に通わせて勉強させ、未来に備えさせることは意味がないと説明した。さらに、私たちは歴史上、最も明白で重要な科学的メッセージを無視している。どうして私たちは、生徒たちに科学の授業を受けるよう求めることができるだろうか。彼女は正しいのだ。

ベルギーでも、他の国でも、高校生によるデモが同じ不安のもとに組織されている。この運動は、苦労しながらも国際化を目指している。アフリカ、アジア、アメリカ等で、若きカリスマ的活動家が誕生している。

おそらく、このエコロジーの緊急事態の際に、いくつかの根本的な変化を起こすべきであろう。

第一は、政治を再びわが物とすることである。「政治」には、いくつかの意味がある。まず、「ポリティコス」politikos ――本来は共同生活と都市の組織とを指す――があり、次に「ポリティア」politeia ――機構と制度――、そして最後に「ポリティケー」politikè ――権力の行使――がある。これらすべてにおいて、なすべきことは膨大にある。生態系の緊急事態を前にして、私たちは病んだ民主主義を徹底的に刷新せざるをえなくなるだろう。

今起きている悲劇――非常に慎重な国連でさえ、カナダのある大新聞が「計画的な環境虐殺」と要約している事態に言及していることを思い出そう――を前に、個々人の責任に訴えるだけでは十分ではない。人間は――自分の基準で見ても――弱い存在で、与えられた可能性を乱用しがちである。しかし、私たちが政治というものを考え出したのは、まさにこうした弱さに対抗するためなのだ。私たちにはしばしば自制する強さが欠けている。しかし、自制させる法を受け入れる――あるいは要求する――強さを持ってもいる。逆説的に思えるかもしれないが、それでこそ緊急時に対応して行動できるのだ。法は、もはや公共の生活と相容れない個人の欲求を食い止めるために介入しなければならない。ここで必要な対策を網羅的にリストアップしようと試みはしないが、「非常に有害な」結果をもたらす行動はたくさんある。それらを運命論の名において容認し、取り返しのつかない被害を、後悔しつつ眺めていてよいものだろうか。

例えば、ずっと前から――まことに幸いなことに――、気に入らない人に物理的に危害を加えることは法によって許されていないということを私たちは受け入れてきた。おそらく同様に、人間であれ、それ以外の生物であれ、地球上の生命を破壊するのに貢献することを法で禁じるということも受け入れなければならないだろう。

「強制的」な側面はあるが、「反生命的」な行動の禁止についてのより制限的な法整備が、結果的にいっそうの自由につながるように思われる。死につながる過剰を禁止することで開かれるのは、いっそうの豊かさと安らぎへの道だ。飲酒運転を禁止することで、一次的に自由は制限されるが、未来の可能性がそれによって開かれる。今こそ、酩酊状態で世界環境を操るのを控えるべき時なのだ。例えば、禁止税などの「穏健な抑止力」の形で禁じることもできるが、汚染する権利が単純な裕福さの問題にならないよう気をつける必要がある。

脱成長――工業生産面という意味での――は、合理的に考えて必要不可欠なものであると考える。この言葉はタブーであってはならない。しかし、私たちはあくまでも物質的な脱成長について語っているのであり、知的生産、愛、創造性を抑制するわけではない。目的と手段を混同し、生産過剰を――不測の事態ではなく――目標とするような技術至上主義的な熱狂を終わらせるのは、結局は良識と、基本的ないし祖先から受け継いだ価値観を再発見することによってだ。それは、連続性を再創造することであり、繊細な美しさを学び直すことだ。動物や植物を資源としてではなく、感覚を持った、明らかに相互作用が可能な存在として、今日普及している物質的論理の外にあるものとして考えることだ。決して、変革を禁止したり、意義深い進歩を放棄するということではない。

エコロジー革命を行うために、数学的に揺るぎない論拠があるわけではない。エコロジーという言葉自体が狭すぎる。私たちが語るべきは、むしろ「ビオフィリー」(生命への愛)だろう。「環境」という言葉は、あまりにも人間中心的である。問題は自然そのものであり、単に私たちをとりまくものだけではない。「真実」や「善」を見出すことが問題なのではない。それではあまりに単純すぎる。二つのうちどちらの選択肢を選ぶか、生命か富か、種かシステムか、未来か一瞬か、どちらを救うかを決めるかだけだ。すべてはそこにある。

グローバル化した市場において、成長に歯止めをかける決断をした国は、近隣諸国と比較して困難な状況に置かれることは明らかである。集団的かつ理性的な、世界全体の方針転換が合意に至るようにすること、これは各国の責任となるだろう。これは絶対に不可能なことなのだろうか。私にはわからないが、それは不可欠なことである。もはや、この賭けに乗らないわけにはいかない。私たちの代表者は、まさに交渉のテーブルでこのような困難に対処するために存在するのだ。それができないならば、彼らはもはや何の役にも立たない。もし、「不可能」と決めつけたら、私たちは明確に死を選ぶことになる。崩壊した大文明のほとんどは、崩壊を予見しながらも、自らを変革することができなかった。彼らが失敗したところで、私たちは成功できるだろうか。そうでなければ、失墜とともに多くの人質を道連れにすることになるだろう。もちろん、システムの核となる部分も変えねばならないだろうが、それは後になるだろうと考えている。もはや、前提条件だからと手をこまねいていることはできないのだ。

すべてのものが併存できるとは限らない。種や動物の個体数の保全のための、気候変動や汚染に対する戦い、多くの貧しい国々において急速に広がる「人が住めない」地域に対する戦いが、真の宗教と化した絶え間ない成長と両立すると考えるのはやめよう。そして、神のいない宗教とは、つまり狂気に他ならない。現実はそうはいかない。物理法則から逃れることはできないのだ。倫理の教訓を無視することはできない。選ばねばならないのだ。そして、私たちが今、行う選択は、人類の歴史において、そしておそらく地球の歴史において、最重要のものなのだ。

（裕福な国々での）過剰な資源消費と、生物多様性が保たれ、人間生活も尊重される生態系の災禍のない未来への希望とを両立させることは不可能である。問題は、それが耳に快いものか否かではなく、その事実をどう自覚するかである。

たくさん例はあるが、一つだけを挙げよう。大手原油会社の資産のかなりの部分は採掘されていない原油の形をとっている。破滅的な気候変動を避けたいならば、この原油が大量に使われるべきでないのは、今や当然のことだ。これらの企業は、エヴィデンスに基づいた論理に従えば、人類を犠牲にしない限り、すでに倒産していることになる。生存可能な世界を考えるにあたって、私たちは思考の枠組みを変えないわけにはいかない。今こそ一貫した行動をとるべき時なのだ。

私たちが求める未来においては、他者、動物そして自然との関係が哲学的に再定義されるだろう。ヨーロッパは、戦火を避けてきたシリア人たちを受け入れることができなかった。人間による災禍は途方もない規模である。来たるべき数億人の環境難民にどのように直面するかなど想像すらできるだろうか。他者は相変わらず自明の「敵」として、「あまりに遠い」ために実体のない、「私たち」とはまったく共通点のない人々として考えられるべきだろうか。

飢餓によって、毎日二万五〇〇〇人が死んでいる一方で、私たちは同時に三五〇万トンの食糧を廃棄している。だからといって私たちは実際に眠れなくなるわけではない。最終的に、真の愛国者になる必要があるだろう。すなわち、「生き物の国」の誇り高い一員となるのである。

少しばかりの節度を示すのが、なぜこんなにもややこしいことなのかわからない。例えば、みながまずまずの暮らしができる最低賃金と、ある者の狂気に歯止めをかけうるその上限との格差は、成熟した社会にとって自明なことではないか。

社会の平穏が再び見出されるとすれば、それは環境の持続可能性の歓迎すべき前提となるだろう。しかし、私たちは、フランスでさえも、ある人々は極端に貧しく、ある人々は過度に裕福であることを認めるという選択を受け入れている。しかも、それはあらゆる差異——民族、倫理、宗教など——を疑うという奇妙な風潮においてなされている。これは自然の摂理ではなく、避けられない事実でもなく、私たちが行う社会的な選択である。それは変えることができるもので、私たちだけがその決定権を持っているのだ。

まちがいなく、現在現われている兆候は好ましいものではない。トランプやボルソナーロが世界最大級の二国の権力を握った。フランスでの直近の選挙では、国民連合がトップに立った。あらゆる面で、連帯を取り戻す必要があることは明らかなのに、私たちは最悪の結末へと直進している。

また、多くの動物が人間と同じように苦しみ、人間と同じように——語の最も強い意味での——「意識」を持ち、人間と同じように恐怖することを、今日私たちは知っている。私たちはそれを知っているのに、歴史上、例を見ないほど動物たちを殺戮しているのだ。彼らを愛し尊敬するためには、彼らが私たちに似ている必要がそもそも本当にあるのだろうか。地球の歴史上、どの種よりもはるかに狂暴な人類が日々犯している「生命に対する犯罪」がいつまでも続いていていいものだろうか。私たちはそれを受け入れ続けるのだろうか。そうではないことを知りながら、人間以外の生物を物のように扱うことをやめるべき時ではないだろうか。

私たちは徹底して生物たちを物扱いしている。私たちは一方的に、地球に住む多くの生物にとってそこが地獄になるよう決めてしまった。私たちは毎月、歴史上存在した人間よりも多くの動物を殺している。

自然もまた、しばしばそれが「もたらす」もの、それが「与える」ものの観点からしか考えられない——植民地化された人々がそうであったのと同様だ。おそらく今は、自然を自然自身のためのものとして考える機会なのだ。私たちが投資する土地を、「意のままにできる」土地として考え続けるべきだろうか。精密な生態系が、そこにはすでにある。それは単なる資源ではないし、もはやそのようにとらえるべきではない。それは存在そのものに価値があるのであって、私たちに利益をもたらすから価値があるわけではない。動植物の大量死の問題はほとんど常に、人間の生活への悪影響——しばしばそれは現実になっている——の観点から現われてくる。しかし、それはそれ自身が、破滅的な事柄ではないか。世界は、私たちの快適さのために与えられる役割とは独立して存在しているのだ。「最強者の法則」は、倫理的な面から擁護しがたいだけではなく、ほとんど常に、それを乱用する者へのしっぺ返しとなる。

森林河川に権利を与える国も出始めている。法的には、さまざまな代理の仕方が可能だ——例えば、個人を代理人として選ぶ、あるいは損害があった場合に訴訟を起こす決定をする人をそのつど代理人とするなど。これは探求する価値のある興味深い道筋である。それが単なる目眩(めくらま)しではなく、そして各国が、力を増しつつある超国家的な組織に対して本当の力を持って、己を保っていればだが。

国立公園は、先に述べたように、多様性のほんの一部を保存するという意味では有用かもしれないが、典型的な誤った概念でもある。それらは人間が人為的に、自然はもはや自分の世界の一部ではないと決めつけたことを際立たせる。自然は人間の管理する一種の超「アミューズメントパーク」としてしか存在する権利を認められない。この誤った論理こそ覆さねばならない。それゆえ、私たちが受けて立つ挑戦には、こうした価値観の変革も関わってくる。豊かな国々が物質的なレベルで、ある種の「禁欲への傾向」を再度学ぶ必要に迫られていることは、必ずしも悪い報せではない。より困難な状況にある人と何かを共有することにせよ、人間以外の生物との近しさを再発見することにせよ、あるいは死に至る物質主義の狂気から脱却することにせよ、この機会に生命と創造の巨大な空間が私たちに開かれるのだ。デンマークは、「共感」の授業を開講することで、有望な道を示してみせた。

この見通しは喜ぶべきものだ。しかし、それに伴う要求は膨大なものになる。他の生物との連続性の中で、競争ではなく協力の論理において、そして競合ではなく共感の倫理において私たち自身について考えるには、私たちの基本的な社会の見方のいくつかを根本的に解体することが必要になる。

実施されるべき変革は、局所的には暴力的に思えるかもしれないが、それは二つの点から考慮されるべきものだ。まず、暴力は本質的に悪であるとは限らない。激しい抑圧に反対するとき、大量虐殺を終わらせるとき、それは事実上正当化される。次に、暴力に関わる感情の構造を変えていくことが当然必要になる。脱税や激しい汚染によって、批判を受けた企業の従業員への極端な圧力よりも、窓ガラスを割られる方が局所的に暴力的には見えるかもしれないが、それは正当なことなのだろうか。

すべては生命を優先するという賭けに基づいている。システムをクラッシュさせて、ためらわずにすべてを破壊した方がいいと判断する人もいるかもしれない。結局のところ、もし六五〇〇万年前の大事件が地球を襲わなかったら、私たちはここにおらず、代わりに巨大な爬虫類が君臨していただろう。時に歓迎すべき事件というものがある。この「殺戮を放置する」というシニカルな物の見方の問題は、種が個体で構成されていることを忘れていることにある。種の絶滅は、無数の個体の痛ましい死なしには起こらない。その際、減少するのは統計的な数字ではなく、死滅する生物なのだ。苦しみを考慮せずにいられるだろうか。「生」の裏側には、「生物」がいる。すべてがそこにある。崩壊を生き延びようとするために選択しなければならないのは思想ではなく、人間なのだ。

二〇一九年一月一〇日付ル・モンド紙掲載の秀逸な記事に、現行のフランス政府のエコロジーに関する総括が掲載されている。この非常に優れた記事は、問題と制約の複雑さを明らかにしてくれる点で評価に値する。そこでは前進と後退、希望の光と恐るべき後退が示されている。しかし、根本的な問題を、それが副次的なものになってしまうまでに分散させてしまうことは、今日もはや不可能なのである。生命はそれ自体が目的であって、付随的なものではない。

結局、厳密な意味での知的な分断も、根本的に新しい概念の発明も、過去への回帰——大昔の狩猟採集民は、しばしば動物たちを殺戮するのに恥じることがなかった——さえも必要ないのだと思う。私たちには、この挑戦について考えるための一連の哲学がある。「理論」面での主な変化は、以下のように要約されるだろう。

——人間であれ、それ以外の生物であれ、他者に対してある種の「神聖さ」を見出すこと。生きることは、他の生物に必然的に悪い影響を及ぼすものだ。だからといって、すべてが許容されるということではまったくない。その害がときに正当に思われたり、受け入れうるものと思われたとしても、その原因となる行為は厳粛に受け止めるべきもので、無害であったり、軽いものではありえない。その直接的、間接的な帰結の教育を通して、私たちの行動はすでに広く共有されている倫理的信条に、より沿ったものになるだろう。

――私たちの欲望と意志を序列化すること。緊張に直面することは決して避けられない。私たちの欲求の中には、ときに私たちの価値観と相容れないものもある。これらの矛盾を見てみないふりをするのは、すぐにやめなければならない。それらと向き合い、議論する必要がある。

――（必要があれば）私たちの評価の枠組みと指標を再定義するべく努めること。過去の（経済的、社会的、政治的等の）基準に囚われていたら、根本的な進歩を支えることはできない。経済的脱成長は知的、快楽的、人間的、あるいはエコロジーの観点から大きな成長ととらえ得る。それは退歩ではない。

――労働時間や物質的生産の削減を促進し、文化的、人間関係的、創造的等の活動を支援すること。「購買力」ではなく、「生きる力」の視点から考えること。

――単純な技術至上主義的、消費主義的、物質主義的な逃避から脱却させてくれる、現実との関係において力を取り戻し、捕食の論理から距離を置くことをよいものととらえるようにすること。現実のそれぞれの部分部分が、複雑さ、奇妙さに満ちた深みなのだ。遠い「観光のため」の旅や「バーチャル」リアリティの機器の外に、未知のものや崇高なものがあるのだ。

――少しばかり真剣に、そして理性的になるよう努めること。もはや、世界を石油ロビイストや巨大な金融グループの手にゆだねておくことはできない。それらは構造的に生命と相容れないものなのだ。政治力は、経済力の前に常に見劣りする。政治力にほんの少しでも粘り強さが残っているとしたら、それを証明してみせるのは、まさに今日なのだ。

――連続性を受け入れること。祖先の知恵が、最近の科学的発見と同様、生き物の間に存在する基本的な連続性を際立たせていることに異論の余地はない。人為的に持ち込まれた――特に「人間」と「自然」との間の――断絶の幻想は、破滅的な帰結につながるものだ。

――自由の行使が地球上の生命を損なうこと、すなわち私たちの存在の基礎を否定することなしに、可能な限り個人の自由を最大にする法的枠組みを定めること。若者たちに「人類史上、最大の試練」の巨大さを教え、今日私たちがその可能性すらまだ垣間見ることのできない解決法を創出するべく、彼らに知的な道具を与えること。

――「他者」を敵とみなし、「理解されないもの」を危険とみなす知的自己満足からの脱却を試みること。他の場所を少しも想像できない者は、自分の信条を疑うこともできない。こうした憎しみと疑いの雰囲気が一般に広がるのを食い止めなければならない。

――必要となる変化は巨大なものだが、エコロジーの問題を超えて、ポジティブなものたりえることを理解すること。私たちは経済と社会を同等に考慮しなければならない。そして現代資本主義のあらゆる発明——なぜならば、それは自然で不可避の「所与」ではないからだ——を根本的に見直さなければ、決して救いはないのだ。

——古めかしい過去の繰り返しでもなく、荒れ果てた人新世の悲しき名残でもない未来を取り戻すこと。すなわち、自然における関係性の大半がそうであるのと同様の、共生するあり方を本当の意味で体験してみること。

これらのどれも、現代の産業社会とは文字通り相容れないように思われる。これはイデオロギーに基づく立場ではなく、論理的な帰結なのである。

今日、私たちは惑星規模の災害の時代にさしかかっていると考えても、もはや誇張ではない。もちろん、地球は太陽の周りを回転し続けるだろう。生命体は存在し続けるだろう。おそらく人間も——最も裕福な人々によって——この危機を生き延びることができるだろう。しかし、生物多様性の大部分と、何十億の人間とその何十億倍もの生き物を奪われ、非常に遅く複雑な進化の後にできたこの壊れやすい均衡を失ったら、私たちの惑星はどうなるのだろう。それはまだ「世界」なのだろうか。

古代ギリシャ語では、生命を示すために二つの語が可能だった。「ビオス」と「ゾーエー」

である。「ビオス」は主にある集団に共通の生存様式を示す。「ゾーエー」は生命そのものに対応する。おそらく今日、真の「生命倫理」を発明する必要があるだろう。それは生命を、より上位の欲求や価値に従属させることなく、生命をそれ自身のために思考することに他ならない。

エコロジー革命の物語、歴史そして図像学が必要になる。ただしそれは欲求としてあるべきであり、悲しい拘束ではあってはならない。それが私たちの世界を蝕む病い――それは現実のものなのだが――に対する治療と感じられるとしたら、戦いは始まる前から負けである。しかし、思い違いをしてはいけない。一定数の災害は避けられないのだ。

人間は――おそらく他の動物同様に――象徴的な存在、すなわちホモ・シンボリクスである。人間は象徴に魅せられ、象徴によって構成されている。世界を象徴によって創造するのだ。人はさまざまな象徴言語を発明し、あるものを神聖視し、あるものを貶(おとし)める。最高速度が制限されているのに非常に強力なセダンを運転することは、それ自体深い興奮を産み出すものではない。しかしなぜ、そうなりうるのか。それは私たちがこうした所有に、称賛的なまでの巨大な象徴的力を与えるからだ。

最優先の努力を払うべきなのは、まさにそこである。いまだ肯定的な意味合いを与えられているが、実際には弱さ、それどころか粗暴さとしてとらえられるべきものの象徴的価値を逆転するのだ。誇らしげに飾られたものや、積極的に求められさえする態度が、他の人間や他の生物、未来の可能性に対して明らかに有害な影響を及ぼす時、それらにマイナスの象徴的意味を与えることが今の私たちの唯一の役割である。誇りを持つ対象を逆転すべき時だ。不可能なことではない。数十年前は、毛皮のコートは非常に肯定的な意味合いを持っていた。今日、それは付随する苦痛に対する無関心の証として、当然ながら卑しむべきものとして考えられている。

私たちは世界の創造者だ（哲学者ネルソン・グッドマンなどが提唱している思想）。私たちはさまざまな世界を、象徴の体系によって創り出す。そして、それらに対しては全能である。物質において私たちはデミウルゴスであり、経済的、財政的に拘束されることがない。何を重視すべきなのか。その職業的、性的、社会的、美的、倫理的な象徴的負荷が積極的な意味を持つ、その「目印」とは何だろうか。それは、ある種の態度に「罪悪感を抱かせる」ことではなく——私たちの選択の結果について、すべてが受け入れられるわけではないと考えるのは誤ってはいないにせよ——、逆に、未来志向のあり方とその指示連鎖のすべてを重視することが課題なのだ。象徴が変われば、態度もすぐさま変わるだろう。私たちはたいてい、喜ばれようと行動するものだ。

後ろめたさのない奢侈、破廉恥な裕福さ、略奪的な自己中心主義、開き直った新植民地主義、自身の無頓着さを誇る所有欲の強い男性像は、今日ではまったく時代遅れになっている。今こそこうした姿勢の愚かさを知らしめ、ある種の責任ある謙虚さを重んじるべき時なのだ。

「放浪の権利」については、偉大な砂漠の探検家イザベル・エーベルハルトをもじって、毅然として高貴な放浪を提案できないだろうか。それは、個人の欲望に応じてシステムを緻密に構築することよりも、システムにすぐに適応してしまう個人を重視する現在の規範とは正反対のものである。

この新しい象徴体系は、人間的にも望ましいと思われる。それによって、残念ながら今日優勢であるように思われる社会的支配に由来しないものに、ようやく意味を与えることができるようになる。ブランド名入りのレザージャケットよりも、まっとうな条件で作られたコットンのセーターの方が「美しい」ということもある。決めるのは私たちだ。これは純粋に取り決めの問題である。私たちは自分が望ましいと思うものについては自由にできる。そして視線は必然的に、それが肯定する方向への進展を生み出す。サミュエル・ベケットがいうように、私たちは「他者の言葉」で作られているのだが、同時に「他者の視線」で作られてもいる。四駆(よんく)を運転することが社会的成功ではなく、環境的非行の指標となれば、選択肢も変わるだろう。そして、問題はエコロジーにとどまらず、誇りをもはや——唯一の——所有者、過剰消費者の属性ではなくする新しい価値論、新しい「価値観」を発明することが課題になる。私たちは好かれることを好むが、その点にこそ努力を向けるべきである。すなわち、愛すべきは私たちが信じていたものではないと判断、あるいは理解することである。そしてそれについては、いかなるロビーも私たちがそうするのを妨げることはできないのだ。

厳密で硬直した、権威主義的な「道徳的秩序」を定め、打ち立てることが課題ではもちろんない。まったく逆に、新しい、およそ思いがけない手がかりを模索することこそが課題なのだ。これらの手がかりは、脱構築的な限りない自由に反するものでは決してない。秩序の外で思考するものはみな、私たちの導き手となりうる。私たちの古い窮屈な倫理は、現実に起きている苦しみや暴力を前にして、もはや無力だ。

新しい神話が、早急に書かれねばならない。リスクを冒してでも、一瞬の閃きのうちにだ。それは「自然の主であり、所有者」である人間を夢想する、デカルト主義的な西洋の遺産とはときに対立せざるを得ないが、必ずしも多様な人間の歴史全体と相容れないものではない。科学と政治によって豊かとなった神話は、象徴と実践とに連動する。

神話とは文字通りのもので、それが意味するのは書かれたことだけだ。それは伝説でもないし、物語でもなく、隠喩でもない。そこに生きる人々にとって、世界の名なのである。今日この新世界の英雄は、怒れるアキレウスや奸智(かんち)に長(た)けたオデュッセウスではありえない。竪琴を持ったオルペウスでもないし、アガメムノーンとその荒くれ者たちではもっとない。今日、英雄は純血ではありえないのだ。

それは動物としての人間である。彼は、私たちの傲慢な狂気が思い描いた人神よりずっと賢く、また同時にはるかに無知でもある。物語が火の周りで語られて伝えられるか、SNS上の拡散によって広まるかは重要ではない。神話が始まり、私たちが失ってしまった生き物たちの霊的交流の命脈をつなぐことになれば、それでよい。

今まさに私たちの支配者である、勝ち誇った合理性を置き換える神話を創り出そうなどとは考えないようにしよう。それはまったく間違っている。神話は今日も明らかに生きているのだ。神話は残念なことに、私たちの不平等と暴力の体制が本質であるかのように思わせる。それらは、しばしば抑圧的な私たちの社会構造に「自然さ」の幻想を与え、不可欠の問い直しの責任をなきものにしてしまう。ありのままの神話は善でも悪でもない。それは私たちの希望と固定観念が言葉となったものだ。決して到達できない古い幻想としての「神話から脱する」ことが課題なのではない。近代史の教訓によって、新たな神話に血肉を与えることが課題なのだ。

私たちをすでに特徴づけている攻撃的快楽を称える以上に「破壊的」なことはない。ダーウィン的進化が、おそらくこれらの性質を選択したのだろう。しかし、もし冒険的思考に意味があるとすれば、それは今日、この本能的な性向を乗り越えることである。

私たちの脳の基本的な生理機構には、長期的な予測に向かないものもあることがわかっている。未来を救おうとしても、あまりドーパミンは作られない。それゆえに、この災害はすでに進行中であり、長期的な予測の問題ではないという事実をくりかえし説く必要があり、世界を根本的に作り直すというエキサイティングな機会を前にして、私たちがしていることを深く自覚する必要があるのだろう。

エネルギー消費量をおさえるだけでは不十分だ。それは必要ではあるが、十分ではない。使えるエネルギーを適切に使わなければならない。ほとんどエネルギーを使わず、無頓着に破壊することもできるのだ。太陽光エネルギーで動くブルドーザーは森林を根こそぎにできる。これは炭素のバランス的にはよいだろうが、行為の深刻さにおいては変わらない。現在の問題を、欠落を補うという観点から考えるのは誤っている。エコロジーの理論家アンドレ・ゴルツが論じているように、中心的課題はまったく逆に余剰のコントロールであり、不断の成長の論理からの脱却である――もちろん、ある地域での極度の資源不足を否定するものではない。

今あるままの産業文明を守ることが課題ならば、この戦いには何の意味も得もなく、成功の望みもない。課題は計り知れず終わりのない苦痛と、急速に増えつつある種の絶滅を回避することのみである。それは、すでに痛めつけられ、非常に生きにくい現在の世界を救うことではない。来たるべき災害が、単に人類による支配の喪失や、汚染の過剰による技術社会の崩壊でしかないのであれば、それはおそらく問題にはならないだろう。しかし、言葉の裏には、生きている者たちがいる。途方もない数の生き物が、やがて致命的な苦境に陥り、絶え間ない苦痛を味わい、耐え難い恐れの中に暮らすことになる。ここでは、シニカルな「幸せなカタストロフィ」は意味をなさなくなる。システムや、抽象的な意味での人類を救うことが問題なのではない。私たちが知っており、日々触れ、愛している、現実の肉体を持つ者たちが、地獄を生きるかどうか、本来の意味での存在を営むことができるかどうかが問題なのだ。少しでも死を避けることが問題なのだ。結局、それが生命の定義そのものなのだから。

この課題には、政治、哲学、経済、詩、エコロジー、倫理、そしてある意味では宇宙論も関わってくる。私たちは、すべてを失うことも、魅惑的な現実を再びかちとることもできる。本当の革命を恐れるまい。世界を明らかに否定しているあり方を維持しようとすること以上に、非合理的で自滅的なことはないだろう。

いくつかの疑問

最近寄せられた反論や疑問について、ここで手短に応えておきたい。

——模範的なふるまいをしていると思いますか？

およそ、ほど遠い。誰に対してであれ、教訓を与えているつもりはないし、もちろん手本としてふるまっているわけではない。自分が告発しているある種の象徴を、私自身免れるものではない。実際——幸運にも——私はこの反省を利用して、自分が提起した問いを自分に投げかけてみる。私は菜食主義者であり、スーパーマーケットには決して行かない。化学製品を使わずに作られた地産の食品を優先する。短期間の長距離移動は断る、等々。いくつか前向きな点もあるが、それ以外では私の進歩すべき余地は大きい。最近、実際に努力はしているが、改善すべき点はたくさんあるのだ！　滑稽なことに、私を糾弾する人々の中には、一貫しない点を指摘しては、まるでスクープであるかのような気になっている人がいる。最初にそれを告白したのは、私だというのに。自分の弱さを身をもって知っているからこそ、個人の善意のレベルを超えた政策を擁護することができるのだと思う。率直にいって、警鐘を鳴らす者の不完全さを指摘することは、まったく意味がない。彼らは賞賛されたり、選ばれたりすることを求めているのではなく、自分のメッセージに耳を傾けてくれることを求めているのだ。彼らは、自分たちが告発しているシステムの一部であることを知っている。

くりかえすが、一部の人が主張するようなエコロジー・スターリン主義を称揚しようというのではない。まったく逆だ。私はむしろ絶対自由主義者だと自負している。しかし、幸いにも他人を傷つけすぎることが許されていないのと同様に、地球上の生命をあまりに容易に破壊することはできないことを確認する必要がある。それは理にかなっていることだと思う。

私たちには、街で通行人を襲う自由はない。それは自由を制限することではある。しかし、制限があるからこそ、恐怖に妨げられずに出歩けるのだ。ゆえに全体としては、それは自由を守るための対策なのだ。同様に、生命や自然、気候を守るための法も同じ方向に進むと思う。なにもしないでいたら、災害によって自由が大きくそこなわれることになるだろう。この破滅を防ぐための小さな努力が、実は自由のためになることは明らかだと思われる。そして、現実との新しい関係が明らかになるとき、法的措置はもはや必要ではなくなるものと考えている。

——精神面では、何が最も重要な変化になると思いますか？

おそらく最も重要なのは、変化にともなない快楽を感じることだ。破壊をやめるのは絶対的に喜ばしいことである。それは倫理だけではなく、快楽にかかわるものだ。自然の「搾取を脱する」ことに、本当の崇高さがあることを見出すことはできると思う。事実、それは扉を閉ざすよりも、ずっと多くの可能性を開いてくれる。卑近な話だが、最近心を痛めることがあった。私たちの呼びかけに対して、もちろんたくさんの熱い反応があったが、多くの批判もあった。批判は避けられないものだし、基本的に歓迎すべきものである。しかし、無為のためには、どんなことも正当化されてしまう。私たちの言葉は、資本主義に対する批判が足りないために届かないと考える人もいる一方で、資本主義に対して過度に異議を唱えているから届かないのだと思う人もいる。個々人の発意に対して求めるところが十分でないから、私たちの提案を受け入れがたいと考える人、それがあまりに罪悪感を持たせるものだから不適切であると思う人、政治的すぎると考える人等々、いろいろな人がいる。もちろん、それぞれが自身の分析をし、それを擁護するのは健全なことである。

しかし、問いと賭けの巨大さを前にしたとき、むしろ生命を救うために連帯することはできないだろうか。それほど重要ではない事柄については、後で争えばいいのだ。まずは行動を優先しようではないか。

実践しよう。二酸化炭素の放出を大幅に減らそう。未踏の地を侵略することをやめ、森林を救おう……そしてどんなシステムが現われるか見てみよう。物理学者という職業柄、そして先刻ご承知の哲学志向から、私は些細な細部にこだわる傾向がある。繊細なニュアンスは常に歓迎だ。しかし激しく急を要する事態を前にするとき、あまり一面的に、シニカルに細部にこだわることは不健康で不適切だと思う。

――日常生活のレベルで、具体的にどのように行動することができますか?

これらの質問に合理的な答えを出すのに、私は最もふさわしい人間ではない。先に述べた「小さな行動」――注意してゴミを分別する、プラスチック製のカップを使わない、住居の断熱性能を高める――のメリットについて、複雑な思いを抱いている。ある視点からは、これは私たちの実質的な影響をわずかに減らしているだけなのに、よいことをしたと思える、便利な方法であるともいえる。一方、良心が目覚めるのは往々にしてこうした形であり、改善の余地があるとしても、すでに有用で必要な初めの一歩なのである。残念ながら、穏やかな目覚めには少しばかり手遅れなのだが……。

いずれにせよ明らかに思えるのは、食の面での――肉の消費を減らし、可能であれば自然食品を選ぶ――、交通の面での――可能な限り電車を選び、必要な場合は車を「シェア」して移動――などの対策に留まらず、例えば修理するよりも買い替えようとする傾向に関して、また冷暖房をときに使いすぎるという点において、さらには――運よく手段がある人は――観光地の選択などで、大きな進歩の余地があるということである。

それが合法であり、その「代償を払う」ことができるとしても、私たちのしばしば節操のない消費が、他の生物に大きな影響を与えているという事実を認識しなければならないと思う。消費は私たちのみに関わるものではなく、すべてに関わる。「それぞれが好きなことをする」のにはまったく意味がない。私たちは同じ星に住んでいるのであり、それぞれの行為が、みなに影響を及ぼすのだ。

――多くの人があなたに政界入りを求めていますが、考えていますか？

否。それは形容矛盾になるだろう。私の言葉に何らかの影響力や信用があるとしたら、それはまさに私が政界にいないからだ。さまざまなところで述べてきた言説が選挙目的であったら、即座に価値を失っていただろう。政治に関わるさまざまな申し出を受けてきたが、断っている。

――メディアでの成功を続けようと望んでいますか？

まったく、ない！　そもそもメディアで成功などしていない！　三〇年も同じことをいっている。理由はよくわからないが、昨年（二〇一八年）から人々は耳を傾けるようになった。遅すぎたとしても、それはよいことだ。しかし、メディアからの依頼の大部分、そのほとんどすべてを常に断っている。それは軽蔑しているからではなく、罠は「媒体」を目的そのものにしてしまうことにあるからだ。今のある種の禁欲的な態度にとどまる必要があるのだ。本当にいわねばならないことがあるときだけ、出ればよいことだ。

戦略的に考えて、新しい顔ぶれが重要だと考えている。一人の言葉は徐々に力を失っていく。多くのジャーナリストは、彼らの親切な（特にテレビの）オファーを私がたいてい断ることに驚く。しかし、私は主張が、いくつかの偶像に代表されない方がいいと考えている。分散・拡散しようではないか。

さらに私は、世論の激しい非難に対峙するほど健康ではない。私はすでに、弱視のせいで悲しむべきめに何度かあっている。時間は、科学と詩のためにとっておきたい。合理的あるいは攻撃的な議論は、控えめにしなければならない。

――エコロジーの問題と経済問題とを切り離すべきだと思いますか？

第一に、緊急事態に対応しなければならないと思う。みな、自身の論理があってよいが、行動に移るために政治的、経済的変革を待っているならば、単純に手遅れになるだろう。生命の問題は、経済観の違いを超えることができると思う。進行中の「動物の殺戮」を前にして、私たちの感覚とは別に、本質については合意に達することができるはずだ。リベラルであれ、社会主義者であれ、アマゾンの森林の減少やパリの汚染の悪化を喜べる人を、私は知らない。救えるものは救い、未来をそれが花開く前に殺してしまわないように、私たちは少しばかり思慮深くなり、対立をいったん棚上げすることができるだろう。

しかし個人的には、新自由主義は、多様でもろい生命を本当に尊重する、根本的で正当なエコロジーとは相容れないと考えている。エコロジーの変革は、社会の変革でもなければならない。それは無節操な富の集中と財の蓄積への憧れも問い直すものでなければ、持続的に機能しないと思う。

――今から起こそうとしている変化について、具体的に公約できますか？

公に約束したくはない。しかし、望んでいる政治的な措置の前に、率先して実行するのは歓迎すべきだろう。私はそもそも、ほとんど使っていなかった車を手放した――みなが車なしで暮らせるわけではないことはわかっているが。仕事面では、遠すぎる場所で開催される学会へ行くことは、可能な限り避けようと考えている。旅行の影響は、交流の利点に比べて重大であるからだ。食の面では、ほぼオーガニックで地元産の食品のみを使ったヴィーガン食にするつもりだ。最後の点について、例えば何とか家計をやりくりしている学生が同じことをするのは大変だろう、ということもよくわかっている。だからこそ政策、特に税制を通じて、より責任ある行動が裕福な人のものだけではなくなるよう支援することが重要なのだと思う。

――これから起こることが怖いですか。それとも楽観的ですか？

確かに怖い。今日、今、起きつつあることを考えると、涙を浮かべずに森を歩くのは難しい。もし即座にあらゆる破壊を止めたとしても、すでに大きな被害が起きており、苦しんだものがたくさんいる……。そして状況は、これからも長期にわたって悪化し続けるだろう。

私は楽観していない。政治状況や、無意味なものに対する狂熱を見ると……。大メディアでは何日間も、大臣の人柄や、移動中の大統領の写真の趣味の良し悪しについて議論したり、ある国務長官のイメージについて話し合ったり、政権や体制をどう代表し、説明するのがよいかを考えたりしているが、そうしたことは私にはまったく無意味に思える。政権の責任者が何時間もインタビューを受けているのに、環境についての質問がまったくなされないことも稀ではない。まるで戦争のただ中で、戦争以外の話をしているようだ！　私たちの未来は危機的状況にあり、生命はいたるところで脅かされているのに、この話題はときに……忘れられるのだ！

私たちが節度を保てるかどうかはわからない。それは不可能であり、私たちの本性の対極にあるという印象を持つことがある、間違いだといいのだが。

希望を持てる点もいくつかある。例えば、フランスの産業界では、規定の二酸化炭素排出削減量が遵守されている。ヨーロッパでも温室効果ガス排出の――主に近年の危機による――削減目標が適切に守られている。

しかし、世界全体の状況はいまだ悪い方向に向かっている。世界規模では、過去二年で排出量は再度増加し始めている。

――世界の他の国がそうしないとき、フランスが変革をすることに意味はありますか？

意味はある。私たちは子どもたちに、たとえ友人が軽率であったとしても、それは彼ら自身に対して乱暴で、敬意を欠いた行動をとることを正当化する十分な理由にはならないと教える。

手本としての価値を超えて、私たちは今日ヨーロッパ・アフリカをつなぐエコロジーの軸を作る機会を得ている。それはもはや象徴的なものではなく、顕著なインパクトをもたらす真の実験の場なのだ。

――テクノロジー上の奇跡が私たちを救うと思いますか。「天才的科学者」が解決法を見出すと思いますか？

まったく思わない。もちろん、テクノロジーは助けになるだろう。温室効果ガス排出量の削減に関して、テクノロジーの進歩がその悪影響を和らげうることは自ずから明らかだ。しかし真の解決法はただ一つ、それは消費の削減に他ならないことを忘れてはならない――それは知的、文化的、美的、科学的等々の前進が鈍ることを意味しない。クリーンなエネルギーというものはない。「エコ」の認証だけでは不十分なのだ。

テクノロジー上の奇跡が起きて救ってくれると考えることは、いくつかの理由で擁護しがたいと思う。まず、損害はすでに生じており、災いは起きつつあるからだ。思いがけない変化が五〇年後に起きるとしても、すでにはかりしれない数の生物が犠牲となっているだろう。それは無視できないことだ。次に、科学的観点から、私にはこうした奇跡が期待できる指標はまったく見えないからだ。それを信じるのはむしろ信仰であり、合理的な分析では決してない。最後に、ある種の人々が示唆するように――私からすれば、それは文字通り非現実的なのだが――火星を植民地とするとしても、選ばれる（幸運な）人々はほんの少しだろう！

何より、たとえ私たちが生き延びたとして、巨大ハイテクノロジーがシダ類やノネズミにとってかわる世界は望ましいものだろうか。

テクノロジーは些細なものではなく、たくさんのことができる。それは私たちの世界の不可欠なものだ。しかし、ここで扱った問いは別の性質、別の次元のものだ。

――メディアにおける危機の扱いは十分でしょうか？

報道の一部で、現実に目覚ましい改善が見られるとしても、十分ではない。ジャーナリストに責任をかぶせるのは、その中には優れた人もいるのだから、少々安易すぎる。それは礼を欠いたふるまいである。そこに陥らないようにしたいものだ。平均すれば、誰しも自分たちにふさわしいジャーナリストと政治家がいるのだといえよう。私たちは前者が書いたものを読み、後者に投票する。彼らは私たちの期待の反映であり、その限りで私たちみなに責任がある。しかし、全世界的な悲劇に与えられる報道における地位は不十分であることを認めよう。大規模な災禍が起きても、それが国外で起きているか、貧しい人を襲うものであれば、しばしばまったくと言っていいほど重要視されない、それと同じことだ。私はテレビのニュースを見ないが、両親の家で見ることはある。そのたびに私は、どうでもいいエピソードに――ときには番組冒頭で――割かれる時間に仰天する。一方、大事なことは、本来些細なニュースにふさわしいところに追いやられているのだ。幸いなことに、勇敢にもこの事例に当てはまらず、粘り強く誠実な報道をしているメディアもある。しかし、このヒエラルキー構造が続けば、重大な影響が生じるだろう。私がここで求めている価値観からすると、極端に偏った現実像を作り上げることに、それは加担してしまうのだ。さらに驚くべきなのは、エコロジーにかかわるメッセージが浮上してくると、ある種の報道機関があらゆる手段を用いて、この生まれようとする認識を破壊しようとすることだ。

――原子力についてどう思いますか?

原子力の問題は、議論の中心を占めてきた。エコロジーにかかわる巨大な問題は、「原子力から脱却すべきか」というただ一つの問いに還元されてしまう。しかし、それは問題の小さな側面にすぎず、それゆえ私はあえてこの問題には触れてこなかった。これは複雑で、細心に扱うべき問題だ。原子力に明らかに好意的な正統派のエコロジストもいるし、反対する、より多くのエコロジストもいる。

原子力発電所は、事実上二酸化炭素を排出しない。これはよいことだ。しかし、原子力に問題がないわけではない。最も憂慮すべき困難は、長期間影響を及ぼす核廃棄物に関わるものだ。それらを貯蔵するのには、異様な細心さを要するし、安定した政権が扱いうる時間をはるかに超える期間で見ると、あまりに不確定である。そこに大きなリスクがあると思う。発電所の解体には大きな費用がかかるが、これもまたきわめて複雑である。そして、核燃料の埋蔵量も、いずれにせよ無尽蔵ではないのだ。

しかし、性急に原子力から脱却することは合理的でないと思う。それは化石燃料に頼ることとなり、気候温暖化をさらに悪化させることになるだろう。私たちはこの複雑な問題に注意深く取り組むべきだ。しかし個人的には、現在のような形の原子力発電が、長期的に受け入れ可能な解決であるとは考えにくい。また、フランスがこの状況からすぐに脱却できるとも思わない。現実的には不可能なことだ。

核融合の研究に反対ではないが、それが可能だとしても、ずっと先になるだろう。重要なのは、これらの研究の予算が他の可能なエネルギー（太陽光、風力、バイオマス、潮力など）の妨げにならないことだ。

――もう遅すぎはしませんか？

この問いはナンセンスだ。何が遅すぎるというのか。「有害なことが、まったく起きないようにするには遅すぎる」という意味ならば、確かにそのとおりだ！

何千年も前から遅すぎるし、これからもずっと遅すぎる……。「悪化を防ぐには遅すぎる」という意味ならば、もちろん遅すぎるということは決してない。さらなる被害、さらなる破壊は「いつでも」可能だ。私には「遅すぎる」の意味するところがわからない。「遅すぎる」から何でも許されるという議論は、最も馬鹿げたものだ。

――ある種の教条主義的な「良き思考法」に閉じこもってはいませんか？

「悪しき思考法」を主張した方がいいだろうか。いや、真剣になろう。道義ではなく、選択の問題なのだ。私たちは何千万年もの間、複雑な進化が築いてきたものを数十年で破壊しつくす世代になろうと望むだろうか。子孫を持たないと決める者になることを望むだろうか。エコロジスト的姿勢が、破壊的ではない、ニーチェ的ではない、普通過ぎると批判するとしたら、悪い冗談だ。意図的であるかどうかはともかく、圧倒的に支配的なのは、屈託なく後先を考えない捕食的姿勢である。倫理的な面は考えず、純粋に美的なレベルで新しいもの、珍しいもの、かつてないものを今日望むとしても、それが見出されるのは、骨まで使い古した抑圧的、破壊的なシステムを救うための行動ではないことは確かだ。

また私は、難民に対して国境を開くことや動物の権利のために活動し、性差別、同性愛者嫌悪、反ユダヤ主義、イスラーム嫌悪、貧困への無関心（海外でも）に対して戦っており、そのことを恥じる必要はないと考えている。

エコロジーとは無関係だとしても、変わらずジャン・ジュネやピエル・パオロ・パゾリーニの詩を愛読し、情熱をこめて口ずさむことだろう、それでも……。

——法的手段を支持されていますが、自由は「かけがえのない」ものではありませんか？

生命が失われるとき、自由は何の役にたつというのか。

あたかも「完全な自由」が今日存在し、守られるべきであるかのようにふるまうのは間違っている。膨大な数の条文が、許されることと許されないこととを規定している。それは公共の福祉のため、ある者の暴力が他者の自由を妨げないためである。私が望むのは、生命に対する私たちの激しい暴力が、今日禁じられることだけだ。少なくとも、私たちにとってそれが明白となる時間は欲しい。それは、私たちが死なない自由を享受するためのものだ。

――人口問題について、どう思いますか？

非常に複雑な問題だ。ここにも罠がある。人口動態が唯一の問題であり、人口が急増している国のみが努力すべきであると考えてしまうのだ。この分析は、いくつかの理由で受け入れがたいものだ。まず人口が大幅に増加している国々の多くが貧しく、それらの国々の期待するものとはまったく相容れない生活様式を押しつけるのは、一種の植民地主義に他ならないことは容易に理解できるだろう――過去のフランス大統領の中には、ためらうことなくこの一線を越えた者もいるが。彼らはそもそも豊かではないのだから、彼らが享受している数少ない豊かさの一つを断念するよう要求することはできない。実際、最大の汚染をもたらしているのは彼らではないのだ。次に、他の値とは異なり、世界の人口は指数的に増加しているわけではないからだ。二〇五〇年までに増加はおさまるはずだ。最後に、生命に対してより穏やかな形で豊かさと資源がよりよく分配されるならば、現在より人口が増えても、その影響は現在のそれよりもずっと小さなものとなるだろうからだ。最も貧しい人々の五〇パーセント――彼らが住むのは、ほぼ常に人口が急増している地域だ――が排出する二酸化炭素は全体の一〇パーセントである一方、最も裕福な一〇パーセントは全体の五〇パーセントにあたる二酸化炭素を排出している。原因を人口動態に求めるのは、単に問題をよく理解できていない証拠だ。

確かに人類の数は少ない方が、私たち自身にとっても、他の生物にとっても望ましいだろう。しかしこの数的「減少」は、権威主義的ではない、特に植民地主義的ではない仕方で目指すべきだと思う。例えば、連帯のシステム（健康保険、十分な年金、失業保険など）によって、生活の質の改善とともに出生率は大幅に低下することがわかっている——子どもは、もはや唯一の「老後の保障」ではない。ここでも、社会とエコロジーは関連しており、相互に支え合っている。私たちは両方の領域で勝利を収めることができるのだ。

最後に、人口動態に過度に注目することに起因する二重の誤りは、以下のように要約されるだろう。まず、指数関数的に資源消費が増大し、生態系が破壊される現状において、人口を制限したところで同様の帰結を数年遅らせるにすぎない。次に、ある種の衝突や崩壊が、人口減少によって食い止められうるとして——私はそうは思わないが——、現状を保つことはできるかもしれないが、この世界をかくも苦痛に満ちたものにしている諸問題を解決することはできないだろう。現在、私たちは一年に一〇〇〇億もの地上生物の命を奪っているのだ。もし人間の数が二五パーセント減るならば、この数字は——おそらく、いやあまり現実味はないか——七五〇億まで下がるだろう。これで何か解決されるのだろうか。変えねばならないのは習慣であり、それを行う人の数ではない。

──「気候高等評議会」の設立の際のエマニュエル・マクロンの姿勢についてどう思いますか？

大統領は地球全体に関わる環境問題の深刻さを認識しているようで、それはよい兆候だ。だが、それで十分だろうか。二〇一八年一一月の重要な演説では、多くの本質的な側面への言及が欠けていた。そして何よりも、言葉に行動が続くだろうか。現代史を考えると、最大限の慎重さと警戒が必要だろう。もし行動に移ったとしても、命を奪いつつ、自身息絶えつつあるシステムを必死で守ろうとしながら、現在進行中の悲劇に立ち向かうことは不可能だろう。もっと先へ進まねばならないのだ。

人類史上、最も深刻で大規模な、最も困難でもある試練を前にして、細部の修正に甘んじるなど論外である。

私の理解が正しければだが、大統領が消費を減らす必要性を示しているのは心強い。科学的に明白なことだが、有限の世界における資源利用の指数的増加は長期的には続かない。そんなことをしたら「惑星・地球」のシステムを破滅に導くことになるだろう。これは細事ではない。

マクロン氏が、汚染によってフランスだけでも一年に四万八〇〇〇人もの人々がなくなっていることに言及していることもまた喜ぶべきことだ。この恐るべき数字の大きさは反響を呼ぶだろう。

最後に、エコロジーへの移行は——それが本当に行われればだが、というのも目下のところ、具体的にはいかなる行動もとられていないからだ——雇用を生み出し、社会の進歩へとつながると認識するのはよいことだ。非炭素エネルギー開発の意志も同様によいことだ。国家元首が危惧しているように、環境災害の最初の犠牲者は最も貧しい人々であり、この懸念は決してエリートだけのものではない。

大統領が原子力から「ゆっくりと」脱却しようとしているのは正しいと思う。すぐに原子力を廃するのは破滅的な帰結を招き、気候面できわめて有害なエネルギーに頼らざるをえなくなるだろう。しかし、長期的に原子力にとどまろうとするのは、核廃棄物の危険を考えると無責任な行為となるだろう。

エマニュエル・マクロンは——彼がその中で活動しているシステムの観点から——細密かつ正確に、多くの重要な点に言及したと思う。

しかし、表面的な満足にとどまってはならない。まず、大統領の演説には本質的に欠けているものがあると思う。社会面では自明のことで、不平等はもはや看過しがたいレベルにあり、これは環境問題の一部なのである。文字通り震撼せざるを得ない権力の暴走は言うまでもない。

純粋に環境面だけ考えても、人間の影響を受ける地域が野法図に拡大していることに対する言及がなかったことは非常に腹立たしい。もはや侵略を続けるわけにはいかない。私たちと相互に依存しあう、他の生き物にはもはや生きる場所がないのだ。これが現在の種の絶滅の主な原因である。現在、第六の大量絶滅が進行中なのだが、その主な要因は——今の段階では気候温暖化ではない——、ほとんどまったくと言っていいほど論じられていないのだ。例えば、プラスチックの使用による汚染の大問題がしっかりと扱われていないことも、同じく驚くべきであり、憂慮すべきことだ。以降、対策がとられているようだが、あまりにも控えめであり、スケジュールは遅れている。

大統領が示した方向性に含まれるリスクは、何よりも根本的に生命と相容れないシステムをまたも救おうとする試みのそれであろう。原爆と木刀で戦うのは無理であるように、世界的規模の危機に微調整で対抗することはできない。

この世界の終末を前にして、大統領が述べるそれよりもはるかに迅速に、深く前進しなければならない。マクロン氏が提案するように、汚染の度合いがやや少ない電気自動車を優遇するのは望ましいことだろう。しかし、まったく「前と同じ」様式を続けることはできない。そこにとどまってはならない。争点と目的を考えず、表面的な細部を変えるだけで満足するわけにはいかないのだ。

最高レベルの代表者たちは、早急に再考すべきは私たちの自然についての概念であることを理解していなければならない。しかし、彼らはこうした深い問題に対処する能力を培ってきてはいないのだ。私たちが、多くの他のものと同様、自らがその一要素である自然から自身を引き離そうとする命取りの欲求こそ、議論の俎上に載せるべきである。それは政治の仕事だけでなく、倫理や哲学にも関わってくる。石器時代に戻るのは論外で、むしろ逆に、支配と占有の論理から脱却する、まったく異なった未来を創り出すことが課題なのだ。

多くの「実験」を試み、ZAD〔Zone à défendre＝「守るべき地域」を意味し、開発を阻止するべく土地を占拠すること〕や適切に機能している代替コミュニティから学ぶべきだろう。環境の大危機に立ち向かうために、それぞれが「悪の根源」についての意見を持っている。そして、その見解も多様である。マクロン氏によって設けられた気候高等評議会が推奨する措置を実行に移そう――たとえ、それが現在の定説と相容れないものであっても。そして、さらに前へ、もっと深く進もう。それは絶対に必要になるからだ。どのようなシステムがこの革命を可能にするかは、後になってから考えよう。現在、前もってそれを想像できる人などいはしないのだから。

現在進行中の大災害に対する唯一の希望は、自然との関係を内部から作り直すことを余儀なくされた私たちが、人間との関係も作り直さざるを得ないことである。エコロジーの必要性は最終的に、待ち望まれてきた社会再生の源となるだろうか。すべてを失うかもしれないが、近づくことはできないと思われていたものを、勝ち取ることもできる。今は決定的な時代なのだ。

大論争は、もしそれが現実のものであったなら、興味深いものであっただろう。しかし、ここでも私は慎重である。問いの選択とその提示の仕方は、現在、必要と思われるエコロジーと社会の変化の巨大さを浮き彫りにすることができているだろうか。

最近、気候高等評議会がその任務を公表した。それらが適切ではないというわけではないが、ごく控えめなものだ。「エコロジー移行のための」閣僚会議が二カ月に一度開催されるというが、これこそエコロジー移行はもはや他の問題の中の一つではなく——しかも、現状を見れば、明らかに二次的に扱われている——、「前向きの」革命であるという事実を、私たちが理解できていないことを端的に示しているのではないか。この前進はまた、横並びのものではなく、流動的で喜びに満ちたものとなるだろう。

――この危機に直面して、誰と手を結ぶべきでしょうか?

政治運動、特に左派運動の大きな問題の一つは、大局的には同じ価値観を共有しているが、詳細においては意見を異にする人々の間の内部抗争に起因している。生命を救うべき時には、理性的にならねばならないと思う。ある人々が、すべての結論を共有できない団体や人物がいるからという理由で、行動に加わることを躊躇するのを、私は何度も見てきた。どんな行動も、ある人には過激すぎ、ある人には過激さが足りないと思われるものだ。もはや、そんな場合ではない。たとえ、そこここに対立があったとしても、今こそ生命の力を集結すべき時なのだ。

西洋の工業イデオロギーの外にある、あらゆるものを手本にすべきだと思う。特に、アフリカに対する――見下した態度と隠れた植民地主義とに基づいてではなく――謙虚さと深い敬意に基づいたまなざしは不可欠だろう。そこにおいて私たちが学ぶべきことはたくさんある。偉大な詩人ソニー・ラブー・タンシは、アフリカはもはや原材料の源の名ではなく、「スキャンダルの文化」の名であると書いている。私たちは、このスキャンダルを必要としているのだ。

――この行動は、あなたの科学的、哲学的、詩的活動にどう関係しているのですか？関係はない。どうして幻想でしかない一貫性に、常にすべてを従属させなければならないのか。

私の研究対象は、宇宙論と、宇宙の根源である量子重力、そしてブラックホールの構造である。同僚と博士課程の学生と一緒に、私たちはビッグバンモデルについての新しい理論の帰結と、高エネルギーの天文学的プロセスの帰結とを計算している。それは非常に楽しいが、エコロジーの問題とはかけ離れている！

哲学的には、無秩序の様態の探求に関心があり、カオスと多元性の考え方に一つの方向性を切り開こうとしている。その過程で、科学が現実全体を把握できるとする素朴な科学至上主義に対しては否定的にもなった。

私のささやかな詩的、芸術的な探求は別のものだ。結局、避けることができない「全世界的な」戦いを超えて――かなりエピクロス的なものの見方ではあるが――、世界はまず局所的なものでもあることを忘れてはならないと思うからだ。問題は「今ここ」であり、世界は一種の並列的な「クリナメン＝変異」〔エピクロスの理論において、原子間の衝突をもたらす運動の変異。宇宙の生成の要因とされた〕の状態にある。

私たちはみな、異なっている。魅力的で多様な様態の間に、偽りの同一性を見出そうとしてはなるまい。

――私たちが知っている世界を本当に救うべきでしょうか。それは可能でしょうか。

私にとってそれは、おそらく一番難しい問いだろう。もちろん、シニカルにノンと答えることもできるだろう。墜落の後には再生がくると主張することもできよう。私たちが破滅に至っても、数百万年経てば生命はまず復活し、新たな繁栄が訪れることだろう。これは確かなことだ。

しかし、それは種の下位に個体がいること、統計の裏には個々人がいることをいささか早急に忘れてしまうことになる。「ある種が絶滅して、他の種にとって代わられても大して問題ではない」と考えるのは一つのあり方だ。そのヴァリエーションとして、「子どもが死ぬと決めるのは私だ」と主張するのも一つの立場である。しかし、これらの二つの文は一つの同じ考えによるものだ。こうして後継者たちの未来を閉ざしてしまうことは、早すぎる死だけでなく、戦争や飢餓、強制収容等といった事態を招くだろう。しかも、この大惨事を選んでもいない一〇〇〇兆もの生物を道連れにすることになるのだ。シニカルな姿勢は、唯一本当に重要である個々のレベルで考えると、認めがたいと思われる。その姿勢は恥知らずなものだ。コンピュータの前に居心地よくおさまり、SNS上で「世界の終わりなどどうでもいい。結局それは避けることはできないし、人はみな死ぬのだ」などと、事態を「理解した」者の傲慢な調子で、好んでコメントする者もいる。いつも同じ図式だ。苦痛や死は、それが今ここにあるものでないとき、限りなく受け入れやすくなるものだ。

世界を救えるかどうか、私にはわからない。今日、楽観的でいられる要素は何もない。荒廃して——ゴミ捨て場か、蒸し風呂のようになった——地球で生き延びるためならば、諦めた方がいいだろう。しかし苦痛は、「膨大な」という言葉を超えた規模のものになるだろう。私たちの短い歴史上、他のものとは比べ物にならないくらいの規模だ。それを受け入れるのは時期尚早だ。最悪の事態を避けるのは不可能ではない。それは奇跡に等しいかもしれないが、生命そのものも、一種の奇跡なのだ。

今、何が起きているのか

この本の初版を書いてから約一年がたった。おそらく事態をもう少しはっきり見ることができるかもしれないが、しかしそれは必ずしも喜ばしいものではない。

満足すべき点もある。自主的な運動が増えていることだ。一つの組織、「絶滅に対する反抗」（エクスティンクション・レベリオン＝ＸＲ）は大衆に知られるようになった。政治学者が明確にしているように、その機能に差し障りを起こすことなく、システムの変革が行われたことなど、かつてはなかった。しかし、私たちにはシステムの変革が必要なのだ。ＸＲ運動はこの歴史的事実を文字通りにとらえ、市民的な非暴力、不服従の手段に訴える。私たちはどこへ行こうとしているのだろう。誰にもわからないし、すべてが可能である。もちろん、認めがたい脱線も起こりうるだろう。しかし、何かしらが試みられているのである。そして、今日最悪の暴力、盲目、偽善は、何もしないでいることであり、それはすでに兆しのある破滅につながっている。本当の「過激派」は、壁に向かって進み続けようと望む者たちだ。

他方、気候市民会議が招集された。会議は政治行動にとどまりつつ、おおむねそれとは逆の論理に従っている。政治運動といっても、文字通り市民の手によるもので、検閲もなく、選挙や出世のための圧力とは無縁なものだ。直接民主主義の試みといえよう。道具化や口実化のリスクはあるのだろうか。もちろんある。しかし、持続的によく検討、吟味されるなら、メンバーがくじ引きで選ばれ、シリル・ディオン〔役者であり、作家、映画監督でもある環境活動家〕によって誠実かつ厳正に運営されるこの議会は、驚嘆すべき結果をもたらすかもしれない。

必ずしも対立するものではない、これらの二つのアプローチ〔XRと気候市民会議〕に、限界やリスク、潜在的な空虚さや危険性を見出すのは容易である。たくさんの記事を書いて、それらの弱点や矛盾を列挙するのは簡単なことであり、実際その例には事欠かない。だが、たとえ一度であれ、私たちは「人類史上、最大の試練」を前にして団結し連帯するべく、力を尽くすことはできるのではないだろうか。一度だけ、そうできると信じてみてはどうか。そうしてみる、無邪気さを取り戻してみてはどうか。そして生命を育むのだ。

孔子は書いている、「何かをしようとするとき、知っておきたまえ、同じことをしようとする者たち、逆のことをしようとする者たち、そして何もしたくない大多数が反対するだろう」。ここから脱却しなければならない。

二つ目の希望の理由は、エコロジーが象徴的に受け入れられるようになってきたことである。エコロジーは政治的な話題として認められるようになり、今や頭がおかしいか、おめでたいと思われずに言及できる、思想のスペクトルの一部となっている。それはさまざまな選択肢を含む、パレット上の一つの色である。エコロジーと社会正義、及び知識の脱植民地化との不動のつながりが明らかになった。それはよいことだ。少なくとも私たちは成功をおさめたのであり、それが何の役にも立たないというわけでもないだろう。しかし、私たちのあり方は根本的に変化したのだろうか。革命は進行中だろうか。到底、そうは思えない。というのも、必要な断絶が本当に可能だとしても、それはこの論理を通してではないからだ。「その他の中の」一つの命題に留まるならば、エコロジー思想が有効な形で発展し多様化することは不可能である。全体主義や全体化に向かうのではなく、それは構造的に、単純な政治戦術のゲームとは異なる手段を必要とするのだ。

最近のニュースは、おおむねよいものではない。大規模な火災が森林を破壊している。世界気象機関によれば、それは地域的な問題ではなく、世界全体のものだという。気候温暖化が、これらの火災発生に重要な役割を果たしている可能性は非常に高い。また逆にこれらの火災は、気候温暖化を大幅に促進するものだ。悪循環だ。地球には、人類が農業を始める以前に比して半分以下の木しか残っていない。しかし今、悪化している問題はより深刻で、さまざまな点で示唆的である。

まず、私たちの価値序列の頑なさというのは奇妙なものである。アマゾンが燃える様子は人の心を動かさずにはおかない。これについて、そこそこの報道はなされるが、そこから教訓が得られることはまったくない。ブラジルの森林伐採の本当の理由が私たちの肉食にあることを忘れて、ボルソナーロのファシズム（それは本当だが）を批判して満足するのはやや安易である――大火があって、みなの批判があった数日後、全長二二五メートルの巨船がフランスに接岸した。その船にはブラジルの大被害を受けた地域で採れた六万トンの大豆が満載されていた。灰燼と化したシベリアの数百万ヘクタールの土地に対する言及は、これに比べて明らかにずっと少なかった。同時期に炭となったサブサハラの森林の悲劇については、西洋世界においてほとんど知られることがなかった。スキャンダルはエコロジーにかかわるものだけではなく、私たちの怒りの最も重要なものに関わるものだ。

次に、出来事の象徴的な次元を考えることが重要である。火に包まれるパリのノートルダム大聖堂を見て、人々は激しく動揺した。こうした規模の建造物は、単なる石材、木材、ガラスの堆積以上のものだ。それを聖なるものへの歩みと考える人もいるし、歴史の証言であると考える人もいる。そしてそれは誰にとっても、人類の英知の壊れやすい遺産なのである。私たちは――信仰を持つ人もそうでない人も――教会は単なる教会以上のものであることを理解したが、残念ながら、森林もまた森林以上のものであることは、まだ理解されていないようだ。森林とは抽象的な概念ではなく、相互に作用する幾兆もの生物の総体なのである。それは極めて複雑な共生網であり、その一つ一つの部分は――それが絶滅危惧種であってもなくても――文字通りかけがえのないものなのだ。森林が「肺」、すなわちある機能を果たす器官と考えられている限り、私たちは救いとなる革命の第一歩を踏み出すことはできないだろう。森林はそれ自身において、それ自身によって、それ自身のために価値を持つ。森林は私たちの放出する二酸化炭素を吸収するためにあるのではない。森林は世界に有用なものなのではなく、世界そのものなのだ。新たな学術研究が、まだよく知られていない樹木の間の「協力」という考えを支持しても、私たちは森林を道具的な使用のために伐採し、真実の変革の可能性を無にしてしまっているのだ。

最後に、あえて主張を覆す必要があるかもしれない。火災は最終的に森林を破壊したのではなく、そこから謎とオーラを奪うことで、財宝を作り出すように森林を作り出したのだ。息絶え、炭化し、蒸発した森林は、今やただの森林となった。含意のない言葉、指示内容のない記号、先のない概念である。これらの巨大な火災で生きながら焼かれた生物は、「再生可能」ではない。そして、これが問題の核心である。今日、「可逆的」な被害について、どうして語ることができよう。その発想は、まったく受け入れがたい。どうして死が可逆的なものたりえようか。想像を絶する苦痛の中で無数の生物が消えていくが、それは本質的に取り返しのつかないことなのだ。

今日、よくあることなのだが、ある被害を「償いうる」ものと考えることは、信じがたい物象化を行うことであり、それはまだ何も理解されてはいないことを明らかにしている。それは自分のものではないもののすべてを単なる資源とみなすことであり、他者の生命を、自分の快適さのために使う材料でしかないと考えることであり、またもう一度余計に、ほとんど原初の——少なくとも根本的な——と形容すべき誤りを繰り返すことである。

二〇一九年夏の猛暑は、行動の面から大きな影響を及ぼした。エアコンが飛ぶように売れた。それは大幅に温暖化に寄与することになるだろう。それもとりわけ不誠実な仕方でだ。というのも、エアコンを買うことによって温暖化を促進してしまう人々に、その帰結を隠してしまうからだ。同じとき、ニジェールはアフリカ最大の自然水源地を石油採掘のために格下げした。まったく素晴らしい夏だった。これらの挿話を超えて、最近、はがされた仮面から、いくつかの教訓が得られるはずだ。環境問題は今までになく、公的な場で議論されるようになった。そして、それに対する反応も速くなった。対立する陣営は明白である。そして、エコロジー移行への「反対者」が、何も手放そうとしないのは確かなことだ。

進行中の災禍の、科学的に動かしようのない性格も、私たちの子孫に迫る脅威も、破滅へ飛び込むという――彼ら自身の基準からしても――支離滅裂さも、十分ではない。彼らは今の快適さと、受け継いできた習慣を保つためには、何でもできる。「彼ら」とは誰を指しているのか。それはあまり重要ではない。それは反動勢力、一貫性のない報道機関、巨大な産業グループに買収されているウェブサイト、経済界の強者、利害だけを考える政治家、この問題に詳しくない市民、情報はあるが自殺的なイデオロギーに導かれた市民など、広がっていくマグマである。命取りとなる無為を正当化するためには、彼らにとってどんな主張もよいものとなる。手短に最もありふれた例を挙げていこう。新しいものが絶えず出てくるが、彼らの論理はいつも同じである。

1 「エコロジストは潜在的な独裁者」であり、「緑のクメール」、専制的な政治システムを強制するために生命の悲劇を口実に使う有害な存在であるというのだ。まったく滑稽だ！ 彼らには軍隊もロビイストも経済力もない。エコロジストの存在は、しばしば無政府的運動に端を発する。彼らは少なくとも危機的な状況に対して、もう少し生命を愛護するよう戦っており、それゆえ今日、本当に危険であるかもしれない……。エコロジー政治理論を数行読んだ者なら誰でも、これほど「根本的に」独裁の意志から離れた運動はないことがわかる。反対に、エコロジー思想を無視すれば、極端な欠乏と大量の人口移動によって、権威主義的な、あるいは大量虐殺を行う政治体制が復活する可能性が高いことは確かだ。そして皮肉なことに、この状況を収拾するためには、エコロジーのメッセージを無視することで、まさにこの状況の一因となっている反動勢力の存在がほぼ間違いなく要請されることになるだろう。

2 「警鐘を鳴らしている人々は非合理的である」。彼らは今日、専門家のメッセージを文字通りに伝えているのだが、不吉な預言者、黙示録のグルと形容されている。コンセンサスを得ている科学的発見を伝えているゆえに、彼らは……非合理的なのである！ 驚くべき論理の転倒である。不当に論理的であるとされる――技術的な奇跡を魔法のように信じるのは悪い冗談だ。大きな問題は、例えば「クリーンエネルギー」――すでにほとんど不可能である――を発見することではなく、世界を破壊しないような方法でこのエネルギーを使うことである。問題は倫理的なものであり、技術的なものではない。

3 「教訓を垂れる人は、それほど模範的なわけではない」。そうまったくその通りだ！ 私たちはみな、消費に依存している。それゆえ現在起きている集団犯罪を「告発」する際に必要なのは、「私たちのようにしなさい！」ということではない。私の知る限り、警鐘を鳴らす人でこのような命令を発する人はいない。私たちはまったく逆にこういう、「大きな問題がある。もちろん私たちもそれにかかわっている。今や、みなでそれを解決すべき時だ」。生物の立場の代表者に一貫しないところがあったとしても、それを指弾することには文字通り意味がない。それは、彼らが気に入られようとか、好かれようとか、選ばれようとかしているわけではなく、ただ自分も関わっていることを知っている悲劇へと注意を引こうとしているだけであるのが理解できていないということだ。それは、彼らが持たない野心を、彼らのものと見なし、まさに彼らのものではない世界の図式や価値観を、彼らに投影することだ。彼らの学位が、彼らの指示する立場と必ずしも合致していないことを指摘するとは何と馬鹿げたことだろう。犯罪を告発する人が、犯罪学者ではないからといって非難するだろうか。あきれるしかない。

4　「生物多様性と天候の活動家は悲観的すぎる」。エコロジストのやや子どもじみた動きと、真面目で節度ある者の、落ち着いて冷徹な平静さとを対比することは正しいかもしれない。だが、科学的事実はまさに――良き――闘士の側にある。不安を煽ろうとしているのではなく、恐ろしいリアリズムがあるだけなのだ。現実が恐ろしいといっても、それもまた現実には違いないのである。

5　「エコロジストは不安を煽っている」。それはおそらく正しい。来たるべき未来に不安を覚えないのは、おそらく盲目的な素朴さの一種といえよう。しかし、だからといって、明白に和らげうる災害について警告を発するのをやめるべきだろうか。エコロジストのメッセージは、傲慢な姿勢につきものの知的怠惰を、おそらく少しは害するだろう。しかし、その害は、提起された問題を——不可避的に一時的に——避けることによる害に比べれば軽いことは確かだ。そして、これ見よがしの無為は、もはや疑い得ない悲劇を積極的に告発することよりも、特に若者にとってはずっと憂慮すべきであることを確認しておきたい。

科学的知識がみなのものとなり、エコロジストの立場を擁護していたにもかかわらず、数十年間彼らは穏やかな狂人扱いされてきたが、それはもはや不可能である——もちろんどの運動にも、怒りで羽目を外す愚か者はおり、エコロジーも例外ではない。そして、ここで私が触れるのは、この非難すべき少数派のことではない。データはあり、もはや異議を唱えるのは不可能だ。理は彼らにある。しかし、否定する者はいまだにいる。反動勢力は方針を変え、公共圏に際限なく誹謗と否定を浴びせかける。どんな根本的な錯誤も、グロテスクな誇張も、恥知らずな嘘も辞さない。警鐘を鳴らす者を破壊するためには、彼らはどんなことも受け入れる。真実には何の重要性もない。とても若く聡明なグレタ・トゥーンベリでさえ、専門家の重要なメッセージを謙虚に正確に伝えているだけなのに、激しい個人攻撃キャンペーンの標的となった。ある政治家は最近、彼女の船が遭難することを願いさえした。彼女をかたどったマネキンが橋から吊るされ、ある団体の責任者は事実上彼女の暗殺を呼びかけた。世界は瀕死であり、怒りを買っているのは、若い女性が殺戮を告発し、災厄を食い止めようとしていることなのだ……。国連での彼女の演説は非の打ちどころがないものだった。「人々は苦しみ、死んでいく。エコシステム全体が崩壊しつつあり、大量絶滅が始まろうとしているのに、あなたがたの話題といえば、お金と永久の経済成長のおとぎ話ですか。よくもそんなことができますね！」

最悪の主張の記事が、最近発表されている——幸いにも、それを告発する記事もだが。グレタの戦いをナチズム（！）と比較することから、白人至上主義者のテロリズムがエコロジーの影響であるという考えや、馬鹿げた優生学的疑惑に至るまで、最も卑しいもの、最もおぞましいものも含め、何でもありだ。現実との関係は、ここではもはや何の重要性も持たず、おぞましいことがルールとなる。自分の価値観と「根本的に」対立するものを他者に背負わせるのだ。もちろん、これらの驚くべき虚偽を正当化しようとする試みすら、まったくなされない。抑圧関係を転倒させ、生命のために行動する者を潜在的ファシスト扱いする試みには、まったく唖然とするほかない。しかし、広く喧伝され、潤沢な援助を受けたこの試みは、かなりの反響を呼んでいる。殺人者が、被害者に罪悪感を押しつけることは珍しくない。陳腐な手口だ。しかし、欺瞞がここまで進行し、メディアのかなりの支持を得ているのは奇妙なことだ。世界の終わりは——私がこの表現に与える明確な意味において——、一種の巨大な虚無的射精に似ている。もし未来があるとして、私たちの後継者によるこの悲しい時代についての分析は興味深いものになるだろう。

最終的に、グレタの誹謗者は二つのグループに分かれる——ときに重なることもある。一人の少女に見事な教訓を与えられることに、そしてあらゆる点で彼女が正しいことに表層的にいらだつ者たちと、より深く、想像もつかないような方法も含む、可能なあらゆる手段を使って特権を守ろうとする者たちだ。容貌や年齢、性別、病気、服装、食品のラベル、三つ編みの形、顔の表情、声の抑揚等々が攻撃された。他の活動家については、髪の長さやブレスレットや腕時計の由来等が非難の対象となる。メッセージの内容を考えることを避けるため、すべてが持ち出される。グレタが演説原稿を書くのを手伝ってもらったと非難する者さえいる。だが、それがどうしたというのだ。もし、それが本当だとしても——この場合はそうなのだが——、他の人から情報を得ることの何が問題なのか。自分で演説原稿を書く国家元首はいない。そしてもちろん、グレタはより有能な人のアドヴァイスを受けなかったと非難されるだろう——それは当然のことだ。

グレタは聖人ではない！　私はそもそも、彼女が最近示した解決法に完全に賛成なわけではないし、これ以上は他の人に任せるのがよいと思う。しかし彼女は、科学的な真実を明確に述べ、未来の可能性のために活動している若い女性なのだ。彼女に対する卑劣な行為の洪水の中で、一つだけよい知らせがある。そして、それは些細なものではない。最も反動的な者たちの中に、小さなパニックの風が吹いているのだ。彼らは「錐揉み（きりも）」している。私たちは図星を突いたのだ。彼らはすでに見かけの権力を失っている。しかし、重要で懸念すべき要素を念頭に置いておこう。彼らは何でもやるということだ。迫りくる明白な危険を前にしてさえ、彼らは何も手放そうとはしない。少しでも特権を諦めるくらいなら、頭から壁に突っ込むことを、彼らは選ぶだろう。

今や周知の事実だが、生命を支援する試みは何でも非難され、歪曲され、中傷される。念のために記す。アメリカの活動家は、あらゆる悪、とりわけ彼らのアプローチとは限りなく離れた悪のことで非難されるだろう。これらの憎悪の噴出や、真の暴力による転覆を狙ったグロテスクな試みをさらに告発しても、もはや意味はない。これらの攻撃の仕組みと動機——例えば、難民や人種差別の被害者、不安定な境遇の人々に対して見られる——はわかっており、自殺的な無為の擁護者はもはや自嘲するしかない。私たちは彼らに仕返しはせず、この負けが決まっているゲームに乗りはしない。私たちは「闘鶏」を拒否する。

生命とは奔放で少し浮かれたものであるべきなのに、悲しく罪悪感を抱かせるエコロジー主義が到来するかもしれないと嘆く声は珍しくない。この恐れは理解できるが、根拠が欠けている。まず残念ながら移行が進んでいることを示すものは事実上何もなく、実現しない可能性が高いからだ。味気ないエコロジーへの急転換の可能性を恐れるよりも、現実に起きている生命の崩壊を恐れる方が重要だろう。そしてとりわけ、生の喜びのためには、そのせいで苦しむ人々を無視して、例えばスポーツカーでドライブするか、動物の肉を無節制に食べる必要があると考えるのは、極めて短絡的な思考だからだ。エコロジー運動には委縮させるようなところはまったくない。実際、それは極めて楽しく、遊び心に満ち、魅惑的で、反抗的で、いたずらっぽくあろうとしている。要求されるのは、規範を少し見直し、それを忘れられている自明の理に応じて書き直すことだけである。すなわち、一見したところとは逆に、軽率な過剰消費はみなにとって幸せなものではなかったのだ。

現在の悲劇に異議を唱えることと、懐疑主義とにはまったく関係がない。歴史家ポール・ヴェーヌが、例えば哲学者ミシェル・フーコーに帰した懐疑論は、立派な哲学的、科学的姿勢である。それは謙虚で建設的な懐疑に基づいた方法である。現在進行中のエコサイドの科学的なエヴィデンスを否定するのは、逆に、卑劣なまやかしに他ならない。もちろん、すべては議論の対象となりうる。もちろん、解決法を見出すための議論は必要である。しかし、偽りの否定はもう時代遅れである。だが、それはまだありふれており、学界による結論に異議を唱える少数の——避けられない——者たちのメディア露出は、彼らの学界における真の重要性とはおよそ釣り合っていない。（地球の丸さを否定する）「地球平面論者」がテレビのスタジオに呼ばれることは、よくあることではないと思う。ではなぜ、気候変動否定論者を招くのだろうか。ここに重大な混同が起きている。実存的な重要さを持つメッセージの核心を無視して、エコロジーに関わる態度表明における、いかなる些細な曖昧さも徹底して指摘しようとする熱意についても同様である。

過去四〇年来の否定論者の歩みは、主に以下のようなものである。

1　大きな危機など存在しない。

2　残念ながらもはや否定できないが、大きな危機は確かに存在する。しかし、それは取り返しがつくものだ。

3　残念ながらもはや否定できないが、取り返しのつかない大きな危機が存在する。しかし、ここにいる私たちにとってそれは重大ではない。

4　残念ながらもはや否定できないが、取り返しのつかない、誰にとっても重大な危機が存在する。しかし、奇跡が私たちを救ってくれるだろう。

5　私たちは最初から間違っていた。そして、時間を無駄にしすぎた。

私たちは今ステージ4にいる。それがあまり長く続かないことを願おう。しかし、ステージ5の前に、新たな知的言い逃れが、また作られるのを恐れている。

対立勢力に具わる「物質的」な面から見れば、エコロジーの戦いはほとんど不可避的に初めから負けているように思える。システムの巨人を動かす過剰な力と冷静な攻撃性とが重なって、必要な革命への突破口を事実上閉ざしている。冷静に考えよう。失敗は、まず間違いない。本質的に取り返しのつかない多くの犯罪が、すでに起きているのだから。ゆえに、もし万が一勝利を収めることができても、それはいずれにせよ苦(にが)いものになるだろう。しかし、倫理的、美的、詩的、象徴的な観点からすれば、環境と社会との戦いでは常に勝利している。いわばそれは生命の側を選んだのである。得られた慰めはささやかなものだが、まったく価値がないわけでもない。

スピリチュアルや信仰に、常軌を逸した消費活動から脱却するのに適した枠組みを見出す人がいる一方——聖なるものを状況的、一時的なものに適応させるのではなく（それはナンセンスだ）、すでにある意味を再発見することが問題なのだ——、変革の必要性を否定してしまう詭弁とシステムの策略とを解体すべく、例えば「真理探求的」なアプローチを用い、超合理主義——それ自体はあまり意味がない。というのも、理性には実際、多様なあり方があるからだ——を主張する人もいる。こうした新たな結びつきは、しばしば予想外で、ときに突飛に思えもするが、この危機を彩る、素晴らしい驚きの一つである。息絶えつつある私たちの世界の暗い風景の中で、ひそかな共犯関係が現われるのは一つの喜びの表現としてである。

また、多くの心理的抑制が明らかになっている。例えば、習慣を変えるコストは、そこから生じる恩恵よりも、たとえ後者が前者を上回るとしても、より重く感じられる。意識的にせよ無意識的にせよ、邪魔なものを無視する人間の能力には限界がない。そして環境災害は、外敵がいるわけではないため、特に複雑だ。「私たち」の領土に侵入してくる「外国のテロリスト」と戦うために動員をかけることは、もちろんより簡単だ。しかし、その境界は心理的というより概念的なものだと思う。「間接的な自己テロ」という概念を作り出し、擁護し、鍛え、教えるとしたら、分析の枠組みは変わり、私たちの責任は認められると思う。他方、予想を立てるためには経験が必要である。しかし、世界の崩壊は一度しか起こらないのだ。未来のイメージを作るのに過去を用いることはできず、私たちの基準は根本的に狂ってしまう。私の専門分野の宇宙論では、この困難を乗り越える術がある。一度しか起きず、それゆえ通常の科学的帰納法が通用しないビッグバンを考え、分析し、計算するために、私たちは方法を適合させる術を学んだのだ。生命の危機に立ち向かうため、途方もなく野心的であると同時に極めて謙虚な、この姿勢にならうべき時なのではないか。

専門家グループの最新の報告は、事情通にはよく知られているが、まだほとんど広まっていない帰結を明らかにしている。特に、肉を中心とした食習慣がついに批判されたのだ！　動物たちにとっての悲劇的な面と、人間の健康への悪影響に加えて、その世界の環境への破壊的な効果も、折りよく世間の知るところとなった。個人の選択の問題に帰するのはもはや不合理である。私たちの食べるものは、好むと好まざるとにかかわらず、地球全体に影響を及ぼすのだ。もちろん、個人の自由は最大限に尊重し、文化習慣を考慮しなければならないし、――道義的あるいは財政的――責任を、自分たちではどうにもできない過去を受け継いでいる畜産業者に決して負わせてはならない。しかし、知性と節度があるならば、西欧諸国では菜食主義やヴィーガン食への大幅な転換を選択しない理由はあるだろうか。世界の農地の四分の三以上が家畜の飼育に使われているが、これは非常に非効率的なことだ。しかもそれはエコシステムを破壊するものでもある――そして生産者にとって、しばしば経済的に不公平である。

「気候変動に関する政府間パネル」（ＩＰＣＣ）が指摘するように、今や公共の利益のための、食をめぐる根本的変化の必要性の純粋な「合理的、科学的」側面を超えて、私たちが到達したおぞましさを認識すべき時である。今日、生物量の面からすると、「自由な」

哺乳類は、主に屠殺場に送られる飼育下の哺乳類の七パーセントにすぎない。鳥類の四分の三以上は飼育下の家禽である。子ども向けの教育書に、リスやトガリネズミを載せるべきではない。私たちの星では、これらの生物はもはやほんの少ししか生息しておらず、マージナルな存在でしかない。今日、動物の世界は巨大な農場＝工場であり、死へ向かう高速道路である。真実を告げるならば、教科書はホラーに似たものになるだろう。そんなことが受け入れられるだろうか。

ＩＰＣＣの報告は、怒りの波を引き起こした。それは私たちが認めた愚かなシステムを糾弾するためだろうか。それともついに白日の下にさらされた屠殺場の恐ろしい光景を許容しないように促すためだろうか。人工衛星を使った漁の技術は、魚たちにいかなるチャンスも残さず、海を文字通り空にしてしまう。この海の悲劇に抗議するためだろうか。いや、まったく！　それはエコロジスト――ここではむしろＩＰＣＣの科学者たち――が、それがどんなに残酷なものであっても、私たちの習慣を変えようとしていることを非難するためのものなのだ。しかし、今回公にされた指摘の中には、真実も含まれている。望まれる変化は実際に根本的で激烈なものになるだろう。社会が他の生物に対する搾取の上になりたっており、この一般化した蛮行を変えるには文明の基礎を根本的に考え直す必要があることを、私たちは理解し始めているのだろう。それは奴隷制を廃止する時、女性が完全に政治に参加できるようになった時にも必要だったことだ。もちろん、それらはよりよい方向を目指したものでなければならない。

一つ、素朴な質問をしたい。地質学的な時間の尺度から見て、何か地球上に人間が存在した痕跡が残るだろうか。言い換えれば、一億年後、地質学者のトカゲは、私たちが存在したことを知ることができるだろうか。もちろん、人間の作り上げたものは、城からダム、本から原子力発電所に至るまで、すべてが消えているだろう。コアボーリングで二酸化炭素のピークを測ることすらできないだろう。氷は溶けてしまっているからだ。しかし、何かしらは残るだろう。私たちの存在を示す唯一の証として、化石が大規模な、ほとんど一瞬の生命の消滅を明らかにするだろう。そこにはいかなる地質的、天候的な要因も見出されない。四〇億年の生命の歩みの中で、外的要因による天変地異でなければ不可能なレベルの規模で生物に大打撃を与えた種(しゅ)として、地球の長い歴史の中で私たちは記憶されるだろう。

なぜ昆虫類の個体の減少を正確に測るのが難しいのか。生活空間を失ったハリネズミの行動の変化を把握するものは、なぜこうもややこしいのか。地球上に暮らす種の数と、それらを真に分別するのは何かを知ることが、なぜかくも難しいのか。それはこれらの問いに取り組む人がほとんどいないからだ。それらは私たちの関心を引く研究テーマではないのだ。例えば、CNRS（国立学術研究センター）では、分子・構造生物学や細胞生物学、システム生物学、ゲノミクス、統合生物学、免疫学、生物多様性、薬理学は深く研究されている。これらはみな――そして、このリストは網羅的であるには程遠いものだ――非常に面白いし、追究すべき研究である。しかし、問わずにはいられない。生物をありのままに理解する努力が、なぜこうも少ないのか。動物の習性、行動生態学、相互作用や交流の様式、集団内や、ときには他の種との間で起きている微妙な協力関係などについての公平な研究はおろそかにされている。私たちは、この惑星を共有している他の生物をほとんど知らない。惑星を共有していた生物、というべきか。というのもそれらの多くは、私たちが知る前に絶滅しているからだ。ほとんどすべてが未発見である。その発見には多くの驚きと感動があることは間違いない。私たちは崇高な、ほとんど未知の世界に生きているのだ。少しそこに興味を持つことができれば、素晴らしいのだが……。

アメリカは月面を再訪したいと主張している。その一方、ある米企業は太陽の軌道に自動車を打ち上げて誇らしげである。これらは本当に適切な行為といえるだろうか。いまだほとんどわかっていない、途方もなく豊かな世界が丸ごと発見すべきものとしてあるのに、私たちは今それを破壊しているのだから。象徴の意味は逆転したように思う。アポロ計画は偉大な計画だった。勇気や真の冒険があった。今日、おそらく自分も知らないうちに、過剰に画一化され、全世界的な高慢さのシステムのアイコンとなってしまった宇宙飛行士よりも、森林伐採と勇敢に粘り強く戦っているインド人たち——あるいは密猟者と必死に戦うアフリカゾウ——、独創的な抵抗のシステムを組織する抑圧された人々、ないし不安定な環境にある人々こそ英雄だと思う。探査すべき星は、私たちの地球だ。それを決定的に破壊してしまう前に、その特異性、すなわち生命の繁栄の魔法を発見しよう。

最近、政府はエコロジーへ転向したと発表した。そのことを喜ばない理由があるだろうか。しかし、同時に、それをどうして本当に信じることができようか。私たちの指導者は、より詳細で信頼できる情報を持っている。ゆえに彼らは四〇年前から、今日、世間とメディアに現われているものを知っていたのである。しかし、彼らはこの四〇年間、「何もしない」ことに甘んじるのではなく、危機を助長してきたのだ。ついに彼らが人々に情報を開示し、必要な対策をとる決意をするよう、人は夢見たかもしれないが、現実にはそうはならなかった。彼らはツイッターやFacebookのトレンドを追い、噴出する怒りを「毛並みに沿って」なでつけ、ちまちまと人気の点数稼ぎをしている。ある元大統領〔ニコラ・サルコジ〕が、感動に声を震わせて、環境への自発的、積極的な取り組みを発表した数年後、「エコロジーはもうたくさんだ」と締めくくったのを覚えている。しかし、まさに何もなされていなかったのだ。そして、何もしないというのはそれだけで重大なことだ。以来、彼はフランス企業運動（MEDEF）の夏季大会で、グレタ・トゥーンベリをからかい、嘲笑って楽しんだ。参加者も喜んでいた。なんと上品で勇気に満ちていることか！

一つだけ、最近の例を考えてみよう。飛行機による汚染は平均して、比較可能な路線を走る高速鉄道の四五倍である。その実際の影響は、すべての要素を考慮に入れるならば、ずっと深刻であると指摘する研究もある。しかし、この災厄に対する抜本的な活動――もちろん、関連する職業は過去の過ちの犠牲となるべきではなく、職業転換への支援は必要だ――の提案は、ほとんど即座に退けられた。「飛行機に乗るのは権利だ」、「航空分野はヨーロッパが卓越しており、支援すべきだ」、「飛行機での移動はビジネスに必要だ」といった反論を許さぬ言説がはびこった。私たちは、課題の優先順位を決めることができない。速い移動による生産性の些細な向上、航空機販売による経済的効果、移動時間の短縮の快適さとステータスと、最近打ち立てられた新記録である、（一日に飛ぶ）二〇万の飛行機がもたらす破壊的効果を、比較検討することができないのだ……。エアバス社は、販売予測を最近上方修正した。二〇三八年までに、三万九二一〇機が新たに作られるのだという！航空業界は、努力をすべきは海運業界だと主張し、海運業界は陸運業界がそうすべきだと反論する。そして、「不可触」の特権を得ている陸運業界は反論する必要すらなかった。私たちのふるまいは、誤りを互いに押しつけあう、たちの悪いならず者のようだ。

アメリカ人にならって、環境問題をコントロールするのは中国人だと大多数はみなす。他方、排出量を人口あたりで考え、努力すべきはアメリカ人だと考える者もいる。私たちは、常に責任を逃れる物の見方を発見することができる——その間で、消えていく命があるのだが。

また航空に話を戻すが、二酸化炭素の排出量が少ない航空機開発によって事態の改善をしようなどと、ゆめゆめ望んではならない。観光の本質的問題は、温室効果ガスの排出ではない。観光そのものが問題なのだ。つまり私たちは、際限なく、処女地も容赦せずに空間を侵略しているのである。ここでも、最近記録が更新された。二〇一八年には、一四億人が外国を訪れた。一年で六パーセントの増加である。豊かな休暇をとることが社会的進歩であることはまったく確かなことであり、決して問題視すべきことではない。しかし、休暇が楽しくあるために、そこで見られるものを破壊する必要があるだろうか。

欧州議会選挙では、エコロジストはむしろよい成績を上げた。そのことを喜ぼう。しかし、このエコロジーは、私たちが必要とするエコロジーだろうか。また、対照的に、極右勢力はより深く勢力を伸ばしている。ここに安心できる材料があるだろうか。

政治が問題に真剣に取り組み、解決できると思った私は、お人好しだったのだろう。同じような学歴で、同じような集団とつきあっている大多数の経済学者が、何とも反科学的な永久的成長の教義を再考できると信じたのも軽率だったのだろう。即座の報酬のために脳があらゆる節度を避けるように促す線条体（皮質下の微細な神経構造）の要求を超えることができると考えたのも甘かったのだろう。生命に対する驚愕すべき、ほとんど自殺行為ともいえるレベルの暴力を明らかにすれば、行動を変えるに足りるだろうと考えたのも単純すぎたのかもしれない。

今、暴力を前にしてどういう立場をとるべきなのか。ネルソン・マンデラは非暴力を強く愛していた。彼はそれを、報復と憎悪のあらゆる可能な形に挑むべく、南アフリカで行われた素晴らしい和解の政策によって証明した。彼はこの無条件の平和については、おそらく誰よりも進んでいただろう。しかし、彼はこうも宣言している。「暴力を用いない受身の抵抗は、敵が私たちと同じルールを守っているかぎり有効だ。しかし、平和な意志表示が暴力によってのみ迎えられるならば、もはや有効ではなくなる。私にとって、非暴力は道義的な原則ではなく、一つの戦略だったのだ。効果のない武器を用いることには、いかなる道義的正当性もない」。ノーベル平和賞と、抑圧に対する戦いの象徴である「マディバ」の立場は明確だった。

いかなる曖昧さも残すまい。すべては歪められ、攻撃に使われるからだ。語源的に、不当な力の行使を意味する暴力は回避し、糾弾すべきである。そこにまったく疑いの余地はない。暴力は、その名に値するあらゆるエコロジーとは根本的に対立するもので、エコロジーほど、行動においても道義においても徹底して非暴力的な運動はほとんどない。しかし、善意ある暴力は、正当なものとなるときに暴力ではなくなるのだが、無限に破壊的な悪意ある暴力の爆発を食い止めることができるならば、望ましいものとなることもまた確かなことだ。さもなければ私たちは、歴史上最悪のならず者と――それは定義からして、暴力を伴うものである――戦えなかったろう。さもなければ、まさに罪を犯そうとしている殺人者を――必要があれば力づくで――止めることはできないだろう。私たちを――国連の言葉によれば――「直接的な存在の危機」にさらす、極めて凶暴なシステムの怪物を前にして、どう行動するかを問わないわけにはいかない。それは良識の問題であり、節度の問題である。細心に、誠実に取り組むべき問題である。生命の危機を喚起することが――一部の者が書いているように――、エコロジー的暴力の意志を遂行するための「口実」であると一瞬でも想像することは、現実の転倒と恥知らずな欺瞞の動きであり、これほどグロテスクで陰険な例を見出すことは難しい。

今日、暴力に対して憤る要因には事欠かない。私たちの目の前で息絶えるままにされる難民たちから、それを可能にする単純な力関係によって正当化されたあらゆる類いの弾圧、不安定な境遇の人々を見捨てることが徐々に認められてしまっていること等々、暴力を告発すべき理由はたくさんあるのだ！

個人的には、非暴力戦略が——語の定義が、事実上どんなに曖昧であっても——、倫理的、実践的、両方の理由から望ましいと考えている。しかし、現行のシステムが生命に対して極めて暴力的である以上、非暴力はおそらくその解体を求めるだろう。生命を守ることが、「過激な」態度と見なされる世界には多くの問題があり、それは私たちを深く反省させるものだ。

みな、「自由万歳」と叫ぶことができる。それはその通りだ。しかし、異議を唱える自由、意見を主張する自由、探索し、救い、移動し、変える自由が、今日脅かされている。実際、これらの自由の回復が緊急に必要だと思う。しかし逆に、際限なく環境を汚染する自由、希少種を脅かし、少数民族を抑圧し、マージナルな人々を嘲り、女性の賃金を少なく払い、子どもたちにワクチン接種をせず、私たちの無頓着で破壊的な行動を加速する自由は守られるべきだろうか。私たちは敏感になる他はない。自由の「味方か敵か」に甘んじることはできない。今日、最低の不正と知的衰弱、そして思考放棄は——それがどんなものであれ——単一の視点で世界をとらえることなのだ。

個人的には、フラクタル的活動を推したい。科学におけるフラクタル性は、すべての尺度で同じパターンが現われることと定義される。選り好みをせず、既知の様式に留まらないことが急務であると考えている。

今日、環境の災禍を前にして、科学主義者対直観主義者、連帯主義者対個人主義者、合理主義者対夢想家、政治家対反抗者、哲学者対実用主義者、改良主義者対革命主義者等々、多くの二者択一が現われているようだ。もはや選択している場合ではない。問題はあらゆるレベルで顕在化しているのだから、抵抗の領域もすべてのレベルにわたる必要がある。危機の原因はフラクタル状であり、原因は一つしかないのだから解決法も一つであるとする、独断的なヴィジョンから脱却することが重要である。資本主義の行き過ぎが大きな原因となっていることは明らかだ。人口の急増もポジティブな要素ではないこともまた明白である。しかし、関わる要素はあまりに多く錯綜しており、複数の段階でのアプローチのみが唯一まだ実現性のあるものである。肝心なのは、私たちの戦いを教義的なものの見方で矮小化しないことである。

この問題を、基盤から攻めることは不可能である。第一に、誰もこの基盤を明確に特定していないのだ。次に——それが何であれ——、それは私たちにはあまりにも重く、あまりにも固く、あまりにも強力で、あまりにも巨大だからである。私は、それに対してはむしろ細かく分割してあたるべきだと考えている。ここでの抵抗は、完全に分散し、固有の領域に固執しないものになるのではないか。それは「ハチドリ」の戦略ではなく——私はこれを軽んじているわけではない。その意志は歓迎すべきだ——、むしろ酸化による対抗論理の形をとるだろう。獰猛な怪物の骨格も錆と無関係ではありえない。酸素と水は生命に欠かせないが、牢獄を腐食させるのにも役に立つ。比喩を超えて、いたるところでごく些細なレベルでも活動し、大量破壊システムのあらゆる証拠、あらゆる自明の理、あらゆる思考停止を揺るがすのだ。そして、言語のカテゴリーそのものまで問い直すのだ。現在ここにいて、他所の形を描き出すのは言語にとっては容易なことではないからだ。

他のアプローチが検討されることもある。それを腫瘍のロジックとでも呼ぼうか。「死に対抗して癌」を用いること、つまり過剰な消費を促し、消費する体制を内部増殖によって最終的に崩壊させるのだ。異常な細胞が死滅するのを防ぎつつ殺すのだ。過剰という死の歯車を故意に過回転させることで、そこから早く脱却するということだ。私は、これらの自殺的な対処法には同意しない。それは、諦めて最悪の結果を受け入れてしまうことだからだ。

フラクタル的活動においては、みなが即座に、すべての戦線で戦わねばならないというわけではない。それは不可能だ。またそれはおそらく望ましいことでもないだろう。少しばかりの逸脱を保ち、少しばかりの矛盾を認め、あえて多少の試行錯誤を行い、行動を能力や欲求に合わせる必要がある。それはむしろ可能性の入れ子式の構造を開くことであり、生命の問題はどこにでもあるという点を喚起することである。

エコロジーが今まで失敗に終わってきたのは、それが一つの「色」と考えられていたからだ。その妥当性や不十分さを問うことなく、既存のものにちょっとした追加——あるいはささやかな削除——を行ったにすぎない。今の問題は、生命の意味から考えようとすることである。これは、衰退の正反対となるだろう。

思考をフラクタル化すること、それは巨大すぎであれ、小さすぎであれ、文字通り、可能性の外にあった現実のあり方に触れられるようになることだ。私たちの精神は、ステレオタイプの教育、受け継がれてきた慣習、同じメッセージの繰り返しによって画一化されるあまり、どんな小さな模索も不可能な革命と響いてしまう。もちろん、あらゆる断絶が必ずしも望ましいわけではない。そこにはリスクもある。しかし、探索という賭けに出ないのは、今日明らかに最も危険な姿勢であることだけは確かである。

いたるところで、たくさんの記事が書かれ、会議や討論会が開かれている。根本的に何も変えないよう、私たちに促す目的においてだ。そこでエコロジーは破廉恥にも、父権主義、権威主義、過去志向、悲観主義といった、正反対のコンセプトに結びつけられている。最も愚かしい虚偽がそこでは叫ばれ、エコロジストにはまったく関係のない思考が、彼らに投影される。繰り返し仄めかされるのは、例えば生物の立場を擁護する人は、調和に満ちた牧歌的な過去を想定しているなどといった内容だ。これはまったくの誤りである。反対に、無目的な暴力の長い歴史の認識が、エコロジー思考には遍在している。取り急ぎ、こうした現状維持の言説に応じないようにする必要があるだろう。これらの言説は、社会通念を受け入れ、既存の秩序を維持する以外の目的を持たないにもかかわらず、反抗的であると思われようとする。解読格子を硬直した図式に固定することで、それらは思考を禁じてしまう。これらの強制に囚われたままではいけない。この上なく誤った議論を無視するだけではなく——それらはすでに、必要以上に語り手の権威を失わせている——、その暴力性が問われることすらない支配的原理から離れて探索し、提示することが緊急の課題なのだと思う。

誰もが馬鹿にする、「ポリティカル・コレクトネス」は、構造的に支配のシステムの側にある。それを、明らかに周縁に追いやられ、エヴィデンスを欠いたものとされ、罵られ、理解されずにいるエコロジー思考へと押しつけるのは、いささか乱暴すぎであろう！　最も強い経済勢力が、自身の利益を必死で守ろうとしていることを、反抗ないし大胆な身振りと思わせようとしているとき、それはほとんど滑稽ですらある。そう、不適切であるならば、本当の意味でそうあるべきなのだ。すなわち、修正という概念そのものを再定義することによって、だ。

近況を考慮して、明らかにすべきだと思う重要な点の一つは、持続性と正当性とを区別することだ。そこここで提案されている、しばしば技術と成長の宗教に結びついている偽りの解決法には、実際には現状の世界を少しばかり保持する使命しかない。すなわち、最良の——そして、実現性は極めて低い——ケースでも、——最も裕福な者たちが——無為に楽しむことが少し伸びるだけのことだ。しかし、これこそ明らかに大きな価値的誤謬である。あるシステムが持続可能であることは、いかなる点でもそれが望ましいこと、あるいは正当であることを意味しない。人類の歴史の尺度で見ると、独裁制の方が民主制よりもむしろうまくいっているが、だからといって独裁制がより望ましいものになるわけではない。

しかし今、世界は人間であれ、それ以外であれ、多くの生物にとって地獄に等しい。毎年、屠殺される七億九〇〇〇万の豚から、飢餓に苦しむ八二億の人類に至るまで——国連のWHOによれば、この数はここ数年増え続けているという——、状況は華々しいものではない。だから問題は現状を救おうとすることではない。今の方法を続ければ、「資源」はまだもう少し使用可能であると請け合うことはまったく無意味である。課題は逆に、生命を使用できる財と考えるのを止めて、共有の新たなあり方、まだ検討されていない新たな共生のあり方を創り出すことなのだ。

最近浮上してきた第二の本質的な問題は、可能なことと、すべきこととの混同に関わっている。私は疑っているが、小型ドローンがミツバチに代わって花の受粉を行うことはできるかもしれない。巨大な二酸化炭素吸収装置を設置できるよう、森林を根こぎにすることも可能かもしれない。私たちは鳥もコケも菌類もいないコンクリートの世界に、寿命を縮めることもなく生きることができるかもしれない。私はそうは思わないが、これらはまったく荒唐無稽だとも言い切れないのだ。本当の問いは、この世界が可能かどうかではなく、私たちの子孫に住んでほしいのは、この世界なのかどうかである。

第三の鍵となる要素は、古びた自明の理の解体である。むしろ言外の了解と言うべきか。最近多くの経済分析が公表されている。そのほとんどすべてが成長を再開しようとしている。それらは口にしても不自然ではない視点ではある。しかし、裕福な国の――「自殺的収奪」と名づけるべき――成長は、今日地球上の生命の危機の主因の一つであるととらえるのが当然であることに間違いはない。破滅を加速する観点を正当化する必要すら感じないのは、奇妙なことだ！　全速力の成長の喧伝者は、きっとこの考えを擁護し続けるだろう。彼らにはその権利があるし、彼らを黙らせるということは問題外である。だが、合理的分析が逆のヴィジョンを支持している今、彼らがこの考えは明白であるかのようにふるまうことはもはや不可能である。「負債」をめぐる議論が再び白熱している。しかし、この負債は絶対的に仮想のもので、慣習による約束事なのだ。それがあるのは私たちがそう決めたからにすぎない。反対に、環境的負債は現実のもの、実質を伴うものだ。それを決定により取り消すことは不可能である。日々、それは命を奪っている、深刻な負債なのである。どうして私たちはこの負債を、純粋に人工の経済的負債に比べて、ごくごくわずかしか気にしないでいられるのだろうか。経済的負債もまた命を奪う、そのことには残念ながら議論の余地がない。だが、この「負債による隷属」は結局のところ、確固たる政治的意志によるものなのだ。

第四の重要な点は、若者による「魔法のような」解決法はないことを受け入れることである。ナショナル・ジオグラフィック・マガジンが発表した調査によると、気候否定論——そして、その派生型——に最も蝕まれている年齢層は一八—二四歳の層である。ル・モンド紙が発表した別の調査では、学業を終えた若者に最も支持されている企業は、LVMH、エアバス、Google、ロレアル、タレス、アップル、トタルである。若者が情熱をもって、親や祖父母が直面できなかった問題に取り組んでくれるだろうということを口実にして、少し待つだけでよいと考えるのはあまりに安易で、明らかに誤っている。それは集団での抜本的な行動なしには不可能なものであり、そうした行動はまだ始まっていないのだ。

また、私が時折思い描いていたのとは違って、エコロジーの戦いを非政治化しないことも重要だと思う。問題はシステムに関わるものなのだから、その解決策もシステムに関わるものである必要がある。しかし、単に中央の政治権力に助けを求めればいいというわけではない。それは構造的に効力を持たない。ほとんど語義矛盾である。公共と未来の意味そのものを再定義する、根本的な政治の見直しを検討する必要がある。

今こそ現実に向き合わねばならないのだ。私たちの瀕死のシステムの空っぽの神殿の番人に怯えていてはいけない。私たちの古い分析モデルはもはや適切ではないことを早く理解しなければならないのだ。私たちはみなぬけぬけと、「自由万歳、非暴力万歳、敬意万歳」と叫ぶことができる。しかし、自由が未来を圧迫し、最も基本的な尊敬の念を否定する極めて暴力的な行動の原因となるとき、私たちはこれらの価値観をどのように調和させるというのか。私たちは自身の脅威となってしまっている。今日、人類にとって最大の危機は、人類自身なのだ。そして、私たちの知的範囲は、その巨大さのあまり言語の根本的構造まで揺るがすこの新しさを、まだ思考することができない。近現代史におけるものを含めた、植民地主義や新植民地主義が引き起こした驚異的な損害を含めて考えれば、私たちは間違いなく、すでにこの問題に直面していたはずだった。明らかな災害を前にしていても、自らを問い直すことができないという西洋の構造にはとまどうばかりである。

　あらゆる方向性を試してみよう。救われた一つ一つの命は、世界の終わりに対する勝利なのだ。危機の巨大さは動かしようがないが、それがごく小さく表に出ないものであっても、局地的な戦いの意味はいささかも減じはしない。賭け——その要求は桁外れのものだが——というのはまさに、挑戦の大きさに呑まれてしまわないかどうかである。厳密な意味で、不可欠な「戦闘の集中」というものはない。エコロジーに関する懸念は、現代芸術やユニバーサルインカム、ヒジャブをまとう権利といった社会問題に対して、決定論的な仕方で、ある特定の立場をとることを強要するものではない。同志から厳密に同一の感性や姿勢を求めることはできない。ある程度の柔軟さなしには、いかなる連帯も実現できないし、いかなる行動も不可能である。事実、ごく小さな違いに集中しすぎて、共通性を忘れ、行うべき重要な戦いに敗れてしまうことこそ、進歩的——まったく不適切な語である——と呼ばれる感性に特有な不幸の一つである。

　しかし、今日私たちの解読格子を刷新し、問いなおすよう促すものはすべて歓迎すべきであり、同じ探索の活力となっているということも認めなければならない。必要な革命への最大のブレーキとは、人間の欲求の基盤を構成している遺伝的な潜在的要因に加えて、自身の作り上げたものがその存在のみによって価値的に正当化されるわけではないことを、私たちがまったく理解できないということだ。世界は違っていたかもしれない。私たちが築いたものは存在しないか、異なったものになっていたかもしれない。しかも、いずれにせよ、宇宙の秩序はまったく乱されることはないのだ！

ここで私たちは注意深くあらねばならない。気候変動は現実のものであり、私たちの言語的、文学的コードに依存するものではない。それは単なる慣例ではない。そのことを偽善者たちに喚起する必要がある。しかし並行して、覇権主義的、全体主義的真実の誇示に伴ういくつかの定説の解体が重要であるし、それは死活問題ですらある。真実の基準は時と場所によって変わる。それらをあえて動かしてみるべきなのだ。私たちの慣習と価値観に深く根づいているあまり、私たちには現実と写ってしまう制御機構を問い直してみるべきなのだ。しかし、それらは仮面にすぎない。私たちはそれらを剝がしたり、描き変えたりすることができるのだ。

現実のものであれ、潜在的な形であれ、他者を認めなければならない。寛容の名においてではなく、愛の名において。同じ人類の間でさえ、どんな些細な文化的差異も限りなく受け入れがたく思われるのに、他の生物とどうして共生関係を築くことができるだろうか。共感以上に、脱個体化すること、すなわち内部から他者となることが問題なのだ。

何が許されるかの決定を、旧世界にまかせておくのはもうやめよう。例えば、罪悪感を抱かせるような批判は今日許されない。いかなる場合も、「教訓を与え」てはならない。言い換えれば、彼らのなすがままにしよう。彼らが自覚するにまかせよう！　しかし私たちの罪は現実のものであり、私たちは教訓を必要としているのに、なぜそれをメディアで声高に叫ぶことが禁じられているのだろうか。好むと好まざるとにかかわらず、「超」犯罪を起こしているのは私たちなのである。暴力は、そのことに言及するか、それを告発することにあるのではない。同様に、人種差別を名指ししてそれと戦うことは、今日ではほとんど不可能である。彼らは言う、人種差別を名指しするという事実だけで、それを認めることになり、したがって……賛同することになる、と。馬鹿馬鹿しい！　現実に存在する抑圧、それぞれの間の扱いの違いは精査しなければならないだろう。

言ってよいこと、表現してよいことを、このようにコントロールされるのは耐え難い。「不誠実」な者たち――これこそが、まさに問題なのだ――は、私たちを知的な恐怖政治下に置く。ある程度の量を書いている作家や哲学者、あるいはエッセイストや詩人なら誰でも絶対に、文脈外あるいは発言の全体の外では不謹慎ないし嫌悪感を催すと判断されかねない文を書いたり、発したりしているものだ。私たちはみな、この常に不安定な状況に置かれている。悪意ある者ならば誰でも、あるテクストから二四〇字を抜き出し、それを切り離すことで発言の意味をまったく変え、彼に栄光をもたらすであろうツイートによって、繊細で厳密な思想を破壊してしまうことができる。この巧妙で容赦ない攻撃の犠牲となった書き手は、メディアでは口に出すのもはばかられる悪名高い文を発したものとしてのみ知られることになるだろう。攻撃者の群れは、書物や記事を発掘し——今や反論の余地のない、おぞましさの証拠である——、そこによりショッキングな——ほとんど常に逆の意味に理解された——語を見出すだろう。虚言者と誹謗者に与えられた大きな力にすくんでしまった多くの知識人が、沈黙を選んでいる。彼らは、排斥すべき人物のリストに載らないように、思想を軟化させ、空虚なものにしてしまっている。まったく馬鹿げたことだ。思想家たちは語の二重の意味で、息絶えつつあるシステムにとって「適切」な存在となる。私たちはまさに大胆さ、脱構築、根本的な問い直しを必要としているのだ。私たちには不敵さと、言語面での型破りが必要なのだ。私たちはこの自由を盗まれたままにはしない。ツイッター上の誹謗中傷とは、現実には栄誉なのだ。欺瞞や専制による馬鹿げた訴訟は、挑戦する思想の歩む苦難の道である。しかし、それはどうでもよい。笑い飛ばして耐えるべきだ。

　私たちには繊細さとラディカルさと、その両方が必要だ。ファクトチェッキングは、ひどい誤りを明らかにする際には歓迎すべきものだ。それはよいとして、行うには注意が必要だ。自称超合理主義者たち——実際には、彼らはしばしば不合理である。問題を実体がなくなるまでに単純化してしまうからだ――も同意見だ。すなわち、うまく使えば、グリフォサート〔除草剤の一種〕は人体に対して発癌性を持たない。おそらくそれは正しいのだろう。しかし問題は、そのことではまったくない！　グリフォサートを非難すべき点は、何よりも生物多様性に対する有害な影響である。ファクトチェックはできる。しかしそのためには、いっそう正しい問いを立てなければならない。おなじみのチェッカーが、グレタのアメリカへの船旅の炭素収支をすべて含めると、飛行機での移動よりも悪いのだから、彼女の戦いは常軌を逸していると「証明」したとき、彼らは肝心な側面を見過ごしてしまった。すなわち、象徴的次元である。この模範的な行動は、おそらく――それを評価することは不可能だが――将来の何千の、いや何百万もの空路移動を翻意させるという、非常に大きな成果を挙げたからだ。この「大量信用喪失兵器」を安易に使ってはならない。党派的な読み方をすれば、問題の一部しか対象にしないファクトチェッキングによってすべてを破壊する、あるいはすべてを擁護することができる。どんなに大事な科学的、哲学的文章も、表面的に合理主義を装った悪しき読み方によって、笑いものにされうる。だからこそ狡猾にならねばならない。

　このような強い無為主義を前にして、反抗するという自由を安売りしてはいけない。探索する欲求の点でも譲歩してはならない。最も本質的で、最も強力なエコロジー、社会活動は段ボール包装をリサイクルすることではなく、絶えずあらゆる政治体制に疑問を投げかけることだ。

事実に戻ろう。最近ある医師がこう警告していた——「気候変動の健康への影響は、二〇世紀の進歩をすべて無にしてしまいかねない」。これは気温による直接の影響によるものだが、熱帯病や、絶滅したはずの病気の再流行による間接的な影響もある。

IPCCによる直近三回の報告書を要約すると、主な考え方は以下の通りである——(1)地球温暖化は急激に進んでおり、一・五度の上昇では事実上とどまらない。(2)生物多様性は急速に崩壊している。(3)土壌劣化が世界の食料の均衡を脅かしている。最新の報告書は大洋と氷帯についてのものである。現在の気温の動向のままでは、海面が約一メートル上昇することになるという。そうなると必然的に数億の人々が移住を余儀なくされるだろう。サイクロンによる洪水は大幅に増すものと思われる。永久凍土が——今世紀末まではほぼ完全に——溶け、現在進行中の影響に加えて、気候に多大な影響を及ぼすだろう。

パラダイム転換は、今日もはや単なる選択肢の一つではない。それは救いの条件なのだ。革命が悲しく、あるいはみじめに見えるとしても、それは退廃した世界の古びた観点からの評価にすぎない。抜本的にすべき努力は、世界を生き、機能させ、再生する新しい様態に対してではなく、受け継がれてきた価値観の束縛に囚われないで、この新規性に取り組むことに対してなされるべきである。

市民的不服従の問題は、繰り返し提起されている。それはまったく正当なことだ。それは無害で軽い行為ではない。偉大な哲学者ユルゲン・ハーバーマスは、こうした選択は特定の信念や利益に基づくものでは決してなく、構造的に公共のものであることを詳らかにした。この選択をすることは意図的かつ公然と法律に背くことになるが、法的枠組みをみなが遵守することを脅かすものではない。意図通りの結果をもたらすならば、規則に違反することは象徴的な価値を持っており、本質的に非暴力的なアプローチの一部となる——改めて強調しておくが、暴力の否定は必要だが、それによって判断を鈍らせるようなことがあってはならない。おぞましい暴力を「看過する」ことは、対抗のための健全な力の行使よりも明らかにずっと残酷である。市民的不服従——アメリカの知識人が、メキシコとの戦争に使われる税を支払うのを拒否したことを指すために作られた語である——は、ゆえにエコロジーの領域、あるいはより一般的に災禍の規模と課題の大きさを自覚している人々にとってますます真剣に検討されている手段なのである。それは政治権力が先を見越す役割をもはや果たさなくなったときに不可欠となる。普段の基準よりもさらに根源的に、より高い価値基準を失ったときもそうだ。それは明白に常に反駁しうる、あからさまな天啓の道徳という意味においてではなく、政治権力が他のあらゆる価値観の可能性の条件であるという意味においてである。生命のための戦いに敗れたら、他のすべての戦いは無意味になる。それはもちろん、生命のための戦いは、あらゆる倫理をおいても行わねばならないということではない。正反対である。それは本質的に、ほとんど存在論的に、倫理的なのである！ しかし念のため、あらゆる本質化は控えよう。

最近、パリ地下鉄のいくつかの駅に広告ライトパネルが設置された。これらの非常に多くのエネルギーを消費し——そして非常に醜い——物体は、より消費主義的でそれ自体エネルギーを浪費する生活様式へ誘導するために使われている。これは二重の錯誤であり、二重の疎外である。私の卓越した同僚である天体物理学者たちの中に、普段は穏健で尊敬すべき人々なのだが、あるフェスティバルにおいてこの象徴的不条理に触れ、いらだちと怒りを交えて、「今、これらのパネルを取り払うか、少なくとも電源をすべて切るべきではないか」と公言した人々がいる。異常さを意識することなく命を奪うシステムの大罪を前にして、この公然と行われた、取るに足らないささやかな罪で彼らを非難すべきだろうか。こうした疑問を持たずにいられるだろうか。

同時に、さらに深刻な事態も起きている。カナダの環境相は、露骨な脅迫の標的となり、厳重な保護を要請している。ブラジルでは毎年五〇人以上のエコロジストが、森林世界を保護しようとしたという理由で殺されているという。一度始まってしまった動きを転換するのは簡単なことではないだろう。

「美食家」ぶるのはやめるべきだと思う。職業である理論天体物理学と、情熱である現象学の愛好者として、私には細部やニュアンスにこだわり、逆説的思考を好む傾向がある。私は奇妙さが好きだ。また自明とされていることを覆すのも好きだ。複雑な主題を持つ難しい文章を書き続けることだろう。ときには意識して、創造的試論の美のために現実を少しばかり変えてみることもある。だが、今はそういう場合ではない。ここでの問題は比較的シンプルである。私たちにはもはやそれを知らないでいるか、予想の範囲に落とし込むする権利はない。この途方もない問題を、狭すぎる型にはめることはできない。「生物多様性の衰退」などと口にするのはもうやめよう。今日問題なのは、犯人も原因もわかっている「大量虐殺」、ないし「組織的な殺戮による絶滅」なのだ。これらの表現は誇張ではなく、文字通りの意味においてである。「生物多様性の衰退」は、ほとんど欺瞞といってよいほどに生ぬるい表現になってしまっている。

ＩＰＢＥＳ〔生物多様性と生態系サービスに関する政府間プラットフォーム〕の最新の報告書によると、一〇〇万種の生物が短期的に絶滅の危機に瀕しているという。研究者たちは、「根本的な政治的、社会的、経済的、技術的な変化」を呼びかけている。証拠はうんざりするほどある。報告書には、「相互につながっていた地球の本質的な生物組織に、ほころびが生じている」という指摘もある。また、このよく調べられた報告書から、土壌の汚染によってその生産性が二三パーセント下がったこと、地上の環境の四分の三が人間によって重大な影響を受けていること、花粉を媒介する昆虫が危機的に姿を消していること、淡水資源の七五パーセントが農業や畜産業に利用されていること、漁業で極度の乱獲がなされていること、プラスチック汚染が一九八〇年以降、一〇倍に増加していること、都市部の面積が一九九〇年以降、二倍に増加していることもわかる。

私たち自身が「外的」な観察者の立場で登場する神話や映画、書物を想像してみよう。私たちは、高い知性を持ち、素晴らしい創造や驚くべき偉業を成し遂げることができる種を発見するのだが、その種はわずかなタイムスパンで、進化した生態系全体を破壊し、水や空気や土壌を汚染し、同類を毒で侵し、子孫が信じられないような害に苦しむことを承知の上でごく小さな努力も拒み、その帰結をわかっていながら飢饉や戦争につながる状況を作り出し、ほとんどすべての生物の系統の個体を激減させ、空間を共有する他の感覚を具えた生物を物扱いし、災禍の状況に注意を喚起する活動家をあざ笑い、連帯や社会的イニシアティブの自由を制限する措置をとることは主張するが、無軌道な消費と収奪の規制は拒否する。この光景を前にして、私たちは憂鬱と反感の入り混じったどんな感情を抱くだろうか。私たちが観客ではなく、この世界の住民であるならば、決して、そう決して、この痛ましい不条理を看過しはしないだろう。

フラクタル的活動の可能な軸を考えてみると、このようになる。

1　政治的側面——強力で即効性のある効果的な対策に投票するよう人々に促すこと、生命の優先という観点を通して世界を考えない者に私たちの力を委ねないこと、短期的な利益だけで選択をしないこと、圧力をかける新しい手段を創ること、私たちが望む世界という問題は基本的に政治的なものであり、そうしたものとして議論すべきということを受け入れること。

2　経済的側面——盲目的な成長からの脱却、今までにない共有の様式の考案、必然的に不公平となる財政のテコ入れだけに頼らないこと、経済をそれを超越する目的へ振り向けること、もとより不十分な微細な調整で満足しないこと。

3　倫理的側面——即時に必要となる変化の優先順位を決めること、菜食を選ぶこと、無理な旅行をやめること、地産地消を選択すること、最も有害な企業のボイコット、大宇宙への欲求を人間レベルで実践すること、より簡素な代替案を考案すること、寛容を超えて他者性を考えること。

4　象徴的側面――「物質的成功」を賞賛する枠組みを解体すること、攻撃的な行動を過去のものとすること、ある種の抵抗に英雄的価値を認めること、限りなく小さいもの、今ここにあるものを重視すること。

5　心理的側面――悲しいものとされる物質的禁欲の単純な枠組みを問い直すこと、他者の自由、平穏、豊かさに対する貢献の面でエコロジー革命がもたらすだろう膨大な付加価値について考えること、旧世界の観点からすれば快適さの喪失として感じられるであろうことが、新たな価値観からすれば大きな魅惑となりうると考えること。

6　人口的側面――それは肝心な問題ではなく、人口圧を軽減することによって、死をもたらすシステムを永らえさせることは解決にはならないと理解すること、人口抑制と社会発展の間に根本的なつながりを作ること。

7　神話的側面――有害となってしまった全能の神人の形象を解体しつつ、未来に向いた新たな神話を書くこと。

8　哲学的側面――外部を単なる資源であると考えるのをやめること、二元的ではない論理を創り出すこと、継続的で多様なアプローチを構築すること、恣意的な基礎に基づいた古いヘゲモニーやヒエラルキーを解体すること。

9　詩的側面――今日、危機の巨大さについて的確に考えることを許さず、存在の予期せぬ方向性が現われるのを妨げる言語の枠組みを作り変えること、好意に基づくラディカルさをもって、常に別の場所の可能性を探し求めるようにすること、それが花開く前に、革命的な顕現を閉ざしてしまわない文法を発明すること。

10　記号的側面――記号体系と評価基準の問題にしっかりと取り組み、私たちの「順位づけ」を覆すような別の図式を考案すること、私たちがこれまで物扱いしてきた「人間以外の」世界の痕跡や手がかりを解読することを学ぶこと。

11　技術的側面――歓迎すべき革新に取り組むこと、しかしそれが私たちが経験しているシステムに関わる問題に対する全面解決にはなりえないことを忘れないこと、デジタル技術の環境的コストを無視しないこと、リバウンド効果に注意すること。

12　価値的側面――社会組織を私たちの欲望に合わせることを可能にする、しかし同時に自然を無限に服従させうる富の貯蔵庫とは考えない、共通の価値観を発展させること。

13　分類学的側面――私たちの分類カテゴリーの表層性をあえて直視し、非合理的で反動的なパニックの証拠に他ならぬ、たくさんの「反エコロジー」の卑しく無意味な攻撃を無視すること。

14　社会学的側面――生命を守るための努力を集結すること、新たな協力、同盟、連帯が生まれ、今日行うべき闘いにおける友愛を強調すること、意外で起爆力のある同盟を創り出すこと、絶えず懐疑論者を説得すべく働きかけること。

15　真理的側面――あえて繊細であること、虚偽を支えとする者や策略家たちに、この危機の動かしがたい真実を想起させること、また深遠な問題に対する、単純すぎる答えを求めようとする素朴なファクトチェッカーたちに、解決策の無限の複雑さも想起させること。

16　エネルギーの側面――消費を控えること、よりクリーンなエネルギーを使用すること、しかしまったく環境を汚染しないエネルギー（実在しないが）でさえ、使用するだけで破壊的な影響を及ぼすことを忘れないこと。

17　メディア的側面――現在進行中の生命に対する戦争を重点的に報じること、現実には存在しない議論の快楽のために気候変動否定派を過剰に取り上げないこと、本質的なパラメーターの展開に関する情報を毎日提供すること、自明と称するものに遠慮なく疑問を投げかけること、それを口にする者が笑いものになるだけの「環境恐怖症」への罵倒の洪水に、もはや反応しないこと。

18　科学的側面――研究者たちの合意に基づく、警鐘を鳴らすメッセージを絶えず伝え続けること、気候学だけでなく、生物を理解するための粘り強い探求である研究を推進すること、技術に対する妄信に基づく無茶な行動を求め続ける技術的奇跡の信望者が、科学の擁護者だと自称するのを決して許さないこと、私たちの気に喰わない考えが正しいこともあるのだから、疑うことをやめず、謙虚でいること。

19　芸術的側面——無条件に、異なった現実のあり方の探求を支援すること、あらゆる見直し、修正を検討すること、たとえ愉快なものでなくても、可能な選択肢が増えるのを妨げないこと。

20　統計的側面——専門家の報告書からの真の数字を公にし、そこから過剰なまでに帰結を引き出すこと。同時に、数字の論理と訣別すること、生き物の死は償いうるものではなく、取り返しのつくものでもないのだから。

21　存在論的側面——暴力と支配の体制の本質化から脱却すること、寛容の論理を超えた公共性の思想に取り組むこと、複数性の形而上学を考えること、もはや私たちが構築した秩序を所与のもの、不可避なものと見なさないこと、それが何であれ、単一の解読格子を通じてのみ世界を解釈し思考するのをやめること。

22　行動的側面——人であれ産業であれ、国であれ種(しゅ)であれ、時代であれ場所であれ、際限なく一貫して他者に責任を転嫁するのをやめること、冷静かつ効果的に取り組むために、私たち自身の一貫性の欠如を受け入れること、また努力を専門的環境へと広げること。

23　意味論的側面——もはや空っぽな神殿の番人たちによる禁止に沈黙を強いられたま

までいないこと、「エコロジーコレクトネス」の強要に屈することなく、暴力性を痛烈に指摘すること、死に至る惰性を密かに支えている言語の束縛に挑むこと。

24　批判的側面――今日、権威のある種の逸脱によって脅かされている自由と連帯のために闘うこと、同時に、未来の可能性を阻む無頓着な収奪と闘うこと、あらゆるハビトゥスを問い直すのを恐れないこと。

25　形而上学的側面――あらゆる「小さな身振り」、あらゆる好戦主義、あらゆる行動参加、あらゆる決意、あらゆる活動、あらゆる禁欲主義を超えて、空間に住まい、空間を発明する別の方法の探求にたゆみなく取り組むこと、愛による形而上学に基づけば、革命はエキサイティングで喜びに満ちたものにすらなりうる。

26　地理的側面――広い意味での西洋が、世界の他の地域に対して及ぼしている驚異的なレベルの物質的、精神的略奪にあえて踏み込み、逆に私たちを導いてくれるはずの人々に教訓を与えるという選択を繰り返さない、エコロジーの未来を構築すること。

これらの提案は、間違いなくナイーヴなものなのだろう。これらは不可欠と思われるフラクタル化の素描の、また素描にすぎない。それぞれが自身のリゾームの経験によって、これらの手がかりを完全にし、豊かにしていかなければならない。とりわけ、「微調整」

を超えて、まったく別の世界を創り上げることを恐れてはいけない。ここでの微調整は望ましくも十分でもなく、私たちの歴史に満ち満ちる無数の暴力と不正に対峙するこの唯一の機会を逃してしまいかねないものなのだ。

ほとんど哲学的なエピローグ

私たちは、いまだかつて幸福だったことはない。世界はいまだかつて心地よく、調和に満ちて、穏やかであったことはない。牧歌的な過去は純粋に幻でしかない。エデンの園へのノスタルジーは、素朴だがほとんど危険な幻想である。

しかし、現代の冷徹で狡猾な暴力による攻撃がなくなるわけではない。難民に対する暴力、不安定な境遇にある人々への暴力、女性に対する暴力、マイノリティに対する暴力、デモ参加者に対する暴力、希望に対する暴力、あらゆる異なった試みへの暴力……もちろん、生命に対する、自然に対する、未来に対する暴力である。これこそ明らかな環境の危機、疑われる倫理的な危機、消費される美的危機だ。

進行中の大量絶滅を前にして、新たな連盟を結ぶこと、即座の連帯を創り出すこと、型に囚われない共謀の形が現われるのを見極めること、共有のさまざまなあり方を検討することが重要になる。今こそ、いたるところで進行中の巨大な「超」犯罪に対峙する「フラクタル」活動を展開すべき時だろう。しかし逆に、同類の共同体への内向、外国人や異質性に対する恐れ、他者性への恐怖、行きすぎた消費やテクノクラシー、および略奪的自由を支持し、同時に解放につながる自由を抑制しようという欲求がいたるところにはびこっている。


残されているのは、詩人となる選択肢だ。

詩は、美とは何の関係もない。心地よい暗喩や穏健な寓意の甘ったるい魅惑ではもっとない。それは気晴らしでも娯楽でもない。詩とは正確さである。詩とは、文法に最大に習熟し、構文につつましく服従することであり、詩節ごとに言語を鍛え直す権利――ほとんど義務である。詩とは、尊重しながら解体する配置の、容赦ない必然性である。それは部分における厳しい一貫性と同時に、全体では遊び心のある模索を選び取ることだ。

ここで詩人となることは、もちろん詩句を書くことを必ずしも意味してはいない。それは何よりも、意味論的、記号論的原型に取り組むことで、私たちが所与のものと混同しているすべての構築されたものを問い直すことである。

詩的抵抗は妥協を許さない。それはメスで精密に描かれ、厳格にして細密である。それは知ろうとし、理解しようとする。いかなる規則もコードも無視しない。それは忍耐強く知的に現実を探ることから始まる。

しかし、すべてを問いに付すことも許される。詩的抵抗は他所を恐れない。受け継がれてきた思考の枠に囚われない。それは存在しようとし、すなわち脱走し、武器を捨てようとする。それは、今まで疑問となりうるとすら見なされていなかったことをあえて問い直す。そして、信じがたいことに直面し歓喜する。

今日、私たちのシステムの機能を「変える」ことで「移行」に取り組もうとしても決してうまくいかないであろうし、それにはいかなる本質的意義もない。

見直すべきは、私たちの空間の使い方、優先順位の決め方、喜びの吟味の仕方、攻撃性の非難の仕方、人間やそれ以外の分身に対する考え方のすべてだ。問題になっているのは革命なのだ。どうすれば自然を単なる資源として見ることを止められるのか。どうすれば私たちの目先の利益を超えて思考することができるのか。副次的な選択肢と必然的な道理とを混同する傾向を、どうすれば乗り越えられるだろうか。さらに深く、どうすれば不当にもポジティブと考えられているものの意味そのものを覆せるだろうか。試練は巨大なものので、他のそれとは比較にならない。

詩は洗練された装飾としてではなく、本質的な要素としての役割を担う。期待と可能の再定義がなければ、変革は一時的なものに止まるるだろう。最も狡猾で、最も危険な暴力とは、ほぼ常に暴力とはみなされていない暴力なのだ。秩序を離れて思考し、何世紀も続く伝統が不可避と見せているものの恣意性を明らかにするためには、詩人たらねばならない。

私たちが古い価値基準に囚われたままならば、いかなる出口もない。無制限の成長、厚顔無恥な収奪、あからさまな排外主義、意識的な無関心、公然の尊大さなどを見直すためには、変革以上のもの、パラダイムの変化が必要になる。ここで問題になっているのは、私たちが世界に抱くイメージの全体である。私たちの古い悪魔を満足させる新しい方法を考案するだけでは十分ではないし、意味がない。まったく異なった「空間を使う」方法を再度構想することが重要なのだ。それは祖先から伝わる知恵も科学的な発見も否定するものではなく、実験的にあらゆる断絶、あらゆる切断を試みるのだ。言語とは中立的なものではない。GDPの成長を「自殺的な乖離率」と呼べば、私たちの感情にいくばくかの影響をおそらく与えるだろうし、子どもたちに生存可能な未来を与えないという私たちの暗黙の決定をシステムの犯罪と呼べば、何人かの良心が目覚めるかもしれない。言葉とは重要なものなのだ。

詩人は、あらゆる可能な選択肢を、それが生じる前に殺してしまう抑圧的思考の悪意ある独裁に、怖気づくことはない。別の現実がありうると理解し訴えること、頓挫してしまった分岐の開始点を思い描くこと、生まれなかった世界のあり方を明らかにすること、それらが現実の詩の揺るがぬ心を構成する。

詩人は単一の観点を拒否する。それが革命的で、連帯に基づくもので、有益であったとしてもだ。解読格子を一つしか使わないのは、必然的、全面的な委縮である。複数性が否定されるや否や、繊細さは姿を消してしまう。世界は内部においても「複数」であり、思考はそれが多数性を消し去り、脱構築可能性を除外するとき、挫折する。

詩的抵抗は、今や散開し、領土を持たず、混沌にまじり合い、回析し合い、相互に浸透し合わなければならない。書くことだけでなく、思考、まなざし、感情、身振り、参加、欲求、快楽が問題なのだ。詩的な生き方とは、悲しく窮屈でノスタルジックなもの以外のすべてだ。それは本質的に反抗的で、緻密かつ冒険心に満ちている。それは自ずから魅力的で、解放的かつ救いをもたらすものともなる。

私たちの文化は、秩序という幻想を中心に構成されてきた。良くも悪くも、私たちは現実を分類することに情熱を注ぎ、上位にある隠れた統一性の視点を通して見てきた。私たちが受け継いでいる伝統的な形而上学は、一般的に暗黙のヒエラルキーに基づく二項対立によって世界を二分してきた——文化対自然、男性対女性、信念対知識、人間対動物、理性対狂気、存在対不在、話される言葉対書かれる言葉……。

今日、私たちが直面している「超」危機は、旧来のカテゴリーではとらえられない。状況は、科学的にも倫理的にも極めて深刻だが、知的に見て非常に刺激的でもある。私たちには、重大な必要性に駆られて、新しい世界を発明する機会がある。すべてを再定義しなければならない。他に選択肢はない。おそらく今こそ、多数性や混沌に対する恐れから脱却し、常に「外部」を「周囲」に従わせ、他者性を類似性に還元してしまう——特にライプニッツやカントが主張した——超越的、内在的秩序を超えるべき時なのだろう。

*

＊ 当然のことながら、ここでの混沌とは、荒廃した地球という有害な混沌ではなく、開かれた思考の豊穣な混沌を意味する。

一種の無邪気さを取り戻すのがよいと思う。それは明白な解決法を前に、もはや口実を探さない一つの方法である。私たちは自然や地球上の生命を破壊すること——そして自らを滅ぼすこと——を望まない。私たちは貧困を撲滅したいのだ。私たちの数はますます増えている。明白で——唯一の——解決法は五歳児でもわかるものだが、私たちはそれを直視しようとしない。その解決法とは、すなわちわかち合うことである。合理的と言われる思考は道を見失っている。

私たちのカテゴリー、基準、価値観は所与のもの、動かせないものではない。それらは反駁しうるものなのだ。私たちの再定義の自由は広大なもので、今こそこの自由を手にすべき時だ。何も——いかなる経済力も政治力も——意味を創り出す概念を、言葉や思考回路を私たちが再構成することを妨げはしない。感情に関して私たちは自由である。そしてこの感情が最終的に、私たちの住む世界全体の形を決定するのだ。

一つ確かなのは、現在の軌道を進み続けるのは不可能であるということだ。望もうと望むまいと、それは続かないだろう。ここで浮かび上がる不安は、前例のないチャンスでもある。この状況では、すべてを作り直さねばならない。いくつかの技術的な閃きによって、少しばかり末期の時を先送りするため、今一度私たちの全能の傲慢さを享受するための逃げ道を見出すが目指されているのならば、努力には何の意味もない。だが、それは社会的、政治的、経済的、美学的等々の点で、すべてをゼロに戻すことができる唯一の好機であるのかもしれない。破滅の背景に、目が眩むほどの、喜びに満ちた可能性が現われる。

過去を白紙に戻すことが問題なのではない。人類は傑作を創り出し、途方もない知識を獲得してきた。私たちが到達しつつある分岐点は、折り返し地点でもなければ、ふり出しに戻ることでもない。それは断絶なのであり、そこではどんなことでも起こりうる。

最悪の事態が間違いなく訪れるが、それはまた最良のものでもある。狡猾な社会的、性差別的、人種差別的支配は、私たちの地球上でのあり方を革新する、その同じ身振りによって解体することができる。これらの分裂そのものが問われうるものだ。言語カテゴリーは現実に対して、決して中立ではない枠組みを課する。この革命を恐れるまい。それは私たちが歩んでいた道の外にある、広大な風景を明らかにし、金融経済に代わる、愛に基づく経済へ至る道を開くのに貢献することができるのだ。

愛とは単なる感情ではなく、必要なのだ。愛は既定と思われていることを常に創り直すことを求め、経営の論理を超える、「他者へと向かう」ことを必要とする。愛とは常に、必然的に、根本的に、革命的なものなのだ。おそらく、最終的には、愛することを学ぶことが大事なのだろう。

この時代の特異性は、イニシアティブが哲学者や芸術家、政治家からは生じないということだ。科学者からでもない。それは世界から生じるのだ。私たちがその一要素である、行動と創造のあらゆる領域で根本的な刷新を要求する世界そのものから、そして世界そのものにおいて生じるのだ。パラドクスは、賭けにふさわしく大きなものだ。

今、どの文明にも見出すことができる、過去における可能性を抑圧してきた知性の帝国主義を放棄する必要があるのだと思う。だが、外的な事実の明白な実在を否定するわけではない。詩人は今まで想像されていなかったことを予見することができ、実在とはそれが発見されると同時に創られることを知っているものであるならば、未来とは詩的なものであり、さもなければ存在しない。

概念を発見すること、共通のものから思考すること、現実の枠組みそのものを再定義すること、私たちの分類そのものを見直すこと、かつて怖がっていたものを理解すること、国境を疑問に付すこと、象徴を逆転すること、不可能を想像すること、不安を払拭すること等々、なすべきことは膨大にあり、時間はあまりない。人間の神髄というものが存在するとすれば、それが現われるべきなのは、今ここなのだ。

訳者あとがき

本書はフランスの天体物理学者オレリアン・バローが女優ジュリエット・ビノシュらと連名で二〇一八年九月三日、ル・モンド紙に発表した声明を受け、同年ミシェル・ラフォン社から出版された『人類史上最大の試練』の増補改訂版の全訳である。

著者オレリアン・バローは一九七三年生まれ、天体物理学者・哲学者である。グルノーブルで物理学を学び、一九九八年に博士号を取得、二〇一六年にはパリ第4大学で哲学の博士号も取得している。現在、国立核物理素粒子物理研究所（IN2P3）教授、グルノーブル・アルプ大学教授、グルノーブル・アルプ理論物理学研究所の所長を務める。

彼の専門は宇宙論、量子重力論、宇宙の起源、ブラックホールの構造だが、並行して哲学者ジャン＝リュック・ナンシーとの共著の出版、さまざまなアーティストとのコラボレーション、自身の詩集の出版など、その活動は幅広い。特にエコロジーに対する関心が強く、ル・モンド紙の声明以前にも動物の福祉についての著作を出版するなど（本書の文中にも、エコロジー重視の立場は一朝一夕のものではなく、三〇年前から同じことを訴え続けてきた、との記述がある。クレール・ドニ監督作品『ハイ・ライフ』では監修を担当し、そこでジュリエット・ビノシュと知り合ったことがル・モンド紙の声明のきっかけとなったという）、積極的にエコロジー運動に取り組んでいる。ル・モンド紙での声明及び本書の出版後はとりわけメディア露出が増え、「ロックスター」「ヘヴィメタル」などとしばしば形容される、髪を長く伸ばしアクセサリーを身に着けた姿で、情熱的かつ明晰に危機を訴える彼をしばしば訳者もネット上で目にしたものだ。現在も精力的に講演活動を行う他（その多くは彼の YouTube チャンネルで視聴することができる）、二〇二二年にはキャロル・ギルボーとの対話を *Il faut une révolution politique, poétique et philosophique*〔政治的、詩的そして哲学的革命の必要性〕のタイトルで出版、エコロジーのための社会変革を呼びかけ続けている。

本書は、序文で著者が述べているように、エコロジー危機を前にした警告の叫びであり、政治権力に向けられたもの、そして私たち一人一人が行動を起こすのを促すことを目的とするものである。著者が天体物理学者、あるいは哲学者であることは思考の展開にまったく無関係とはいえないだろうが、呼びかけの対象は私たち一般の読者であり、専門用語はほとんど使われておらず、文は簡潔で力強い。

第一章では、現在の地球が置かれている状況が、その簡潔な文体で語られる。すでに失われ、そして失われつつある膨大な数の生命を客観的な数字で目にするとき、戦慄を覚えない人はいないだろう。著者はこの状況を「第六の大量絶滅」と呼ぶが、今までのものと異なるのは、それが人類というたった一つの種によって引き起こされているということである。人類もまた地球上に生きる生物である以上、災禍の影響を免れるものではない。公害による死者の数には深刻なものがあるし、気候温暖化による「環境難民」は数億人にものぼるという。こうした危機に対する政策はまったく十分ではない。

著者はこの危機的状況を食い止める最重要の対策として、消費を減らすことを提案する。それは経済の後退を招くが、逆に「脱成長」こそが重要なのだ。まず個々人でできる対策があるが（これらの「小さな身振り」のリストはチェックリストとして有益である）、それには限界もある。法的強制力を持つ政治的イニシアティブが必要である。二〇二三年五月、フランスで鉄道によって代替できる短距離航空路線を禁じる法律が施行されたのは喜ばしい例といえるだろう。もちろん、影響を受ける弱者を政府や自治体がケアしなければならない。エコロジー政策は常に社会政策と不可分なのだ。

しかし、こうした「応急処置」では不十分である。まず変えるべきは政治である。エコロジーを最重要課題とし、それにふさわしい自制を促す政策をとれる政府をこそ選ばねばならない。次に重要なのは、物質的な成長の神話から脱却することである。生物多様性、個体数を保全すること、気候変動や汚染を食い止めること、人間のまっとうな生活環境を守ること、これらの課題と経済成長は両立しないのだ。第三に必要なのは、生物を物扱いしないこと、自然を単なる資源として考えないことだ。

しかし、そのためには社会を根本的に変革しなければならず、さらにそのためには私たち自身の現実との関係を見直す必要がある。旧来の物の見方では脱成長は不可能だ。新たな象徴体系、新たな価値観を身に着けることで、かつてよきものとみなされたものは恥ずべきものとなり、自由や快適さを手放すものと考えられていた禁欲的身振りは好ましいものとなる。私たちは喜ばれることは進んでするものだ。

ル・モンド紙での声明の後、著者はしばしばテレビやラジオ番組に出演したが、常に好意的に迎えられたわけではない。司会者やパネリストの無関心、あるいは冷笑的なまなざし、茶化すような表層的な質問に対して（それは同時に現代の世論がいかに、著者の言葉を借りれば「真剣」でないということを示すものだが）、真摯に、さらなるエネルギーをもって答えるその姿は非常に印象的である。第四章は、それらの体験を踏まえた質疑形式となっている（ある番組で実際に受けた質問も取り上げられている）。そこでは、第三章の「根本的な変化」がより具体的に説明されるだけでなく、著者の行動（彼は率直に、自分は模範的たるには程遠く、努力はしているがまだまだ改善の余地があるのだと述べる）、対メディア観、原子力についての考え、エマニュエル・マクロンの政策に対する評価などを知ることができる。

最後の章は、増補版において追加されたもので、初版の出版からの一年の間の変化を総括している。経過は芳しいものではない。エコロジーは認知され、自主的な運動も始まっている。しかし、現在の成長の経済論理にしがみつき変化を拒否する勢力は、衰えるどころか、メディア上の攻撃から物理的な殺害に至るまでエコロジストに対して暴力を行使している。また専門家の報告は、カタストロフィへの歩みが急速に進行していることを明らかにしている。

著者はここで対抗策として、フラクタル活動を提案する。フラクタル構造とは、すべてのレベルにおいて同じパターンが観察される構造である。危機の原因はフラクタル状にあらゆるレベルに偏在するのであり、活動もあらゆるレベルで行う必要がある。著者はフラクタル活動の二六の軸を提示する。これこそ、第三章での「根本的な変化」を実現するための最新の指針といえよう。

著者は自身、詩作をする詩の愛好者でもある（本書の出版記念の講演で、アルチュール・ランボー、ジャン・ジュネの詩を暗唱してみせた）が、エピローグのユニークな点は、本書で繰り返し訴えられてきた一連のパラダイムシフトにおいて、詩が要請されていることである。ここでの詩は、無害で心地よい装飾物ではない。文法や構文を厳密に尊重しつつ、日常の言語的慣例を解体し、新たな言語を鍛え上げることである。私たちが自明のものと考えてしまう現在のシステムを変革するにあたって、すべてを問い直し、新たな可能性を模索することを存在条件とする詩ほどふさわしい手段はないということだ。現在のシステムにおいて（ジュール・ヴェルヌが『二〇世紀のパリ』で予見したように）詩ほど実利からかけ離れているものはないだろう。だからこそ詩は旧来のパラダイムの拘束を受けることなく、私たちに「目が眩むほどの、喜びに満ちた可能性」を開くことができるのだ。著者は、「未来とは詩的なものであり、さもなければ存在しない」

とまで言い切る。見事な視点の転換ではないか。

前世紀から叫ばれてきた環境危機は、いよいよ私たちの日常で感じられるようになってきた。地理的にいえば亜寒帯であるはずの訳者の住む札幌でも、日中は三〇度を超える日が増えており、エアコンの室外機を目にすることも増えた（訳者も忸怩たる思いの末、今年ついにエアコンを導入した。せめて過剰な使い方にならないよう気をつけるつもりだ）。首都圏では、真夏日どころか猛暑日、超熱帯夜が何日も続く状態である。酷暑は世界全体の現象でもあり、フランスでも「猛暑」canicule という語がすっかりありふれた語になるほどに夏の暑さは厳しくなり、毎年のように五桁の死者数が報じられている。ロードス島、シチリア島の森林火災は記憶に新しい。気候変動による気温上昇が、その大きな原因である可能性は極めて高い。

しかし、私たちは毎年、「それにしても何という暑さだ」などと言い合い、そして秋がくれば何事もなかったかのような顔をしてすましている。このようなことがもはや許されないことは、本書を読まなくても明らかである。問題は、私たちが現在のシステムの価値観からなかなか脱却できないこと、あるいは危機の規模の大きさを前に茫然自失してしまっていることではないか。訳者自身、自然愛好家としてエコロジーに関心を寄せてきたが、日常の生活を営むことが危機の進行を利してしまうことを自覚（その自覚は当然のことながら、本書を訳する過程で深まった）しつつも、システムの巨大さと、危機の規模の大きさとを前に、どう行動してよいかわからなかった。本書は進行中であり、このままではさらに悪化し、私たち自身の首をしめることになる危機に対して、無為にとどまらず行動する指針を示してくれるものである。これらの指針が、(無論、訳者自身も含めた) 私たちの日常での行動に結びつくこと、そして根本的な現実との関係の変革に結びつくことを願ってやまない。

最後に、本書の翻訳の企画を紹介してくださった、恩師小倉孝誠先生に感謝したい。また、生物学・生態学に関わるいくつかの訳語に関しては、生物学を修めた弟の悠に助言を仰いだ。ここで彼にも感謝したい。そして、訳者の怠惰のため遅々として進まぬ翻訳作業を根気強く叱咤激励してくださった、ぷねうま舎の中川和夫氏には深く感謝申し上げる。

二〇二三年七月　長い夏のただ中で

訳者

オレリアン・バロー　Aurélien Barrau

1973年生まれ．グルノーブル・アルプ大学，国立核物理・素粒子物理研究所（IN2P3）教授．天体物理学者．専門は宇宙論，量子重力論，宇宙の起源，ブラックホールの構造．2016年，論文 « Anomies : une déconstruction de la dialectique de l'un et de l'ordre, entre Jacques Derrida et Nelson Goodman »（『無規範状態——単一と秩序の弁証法の脱構築，ジャック・デリダとネルソン・グッドマンの間で』）によりパリ第四大学（当時）より哲学博士号を取得．
著書に，*Dans quels mondes vivons-nous ?*〔私たちの生きる複数の世界とはどのようなものか〕（ジャン＝リュック・ナンシーとの共著、2011年），*Big bang et au-delà*〔『ビッグバンとその向こう側』〕（2013年），*Des univers multiples*〔『複数の宇宙』〕（2014年），*De la vérité dans les sciences*〔『科学における真実について』〕（2016年）などがある．環境保護を訴え，多数の講演活動をおこなう．熱烈な詩の愛好家でもある．

五味田　泰（ごみた・たい）

1980年生まれ．慶應義塾大学院文学研究科博士課程単位取得退学，リヨン第二大学博士．現在，北星学園大学文学部准教授．

訳書，スティーブ・ボジョナ詩集『心から心へ』2014年，アラン・コルバン、ジャン＝ジャック・クルティーヌ，ジョルジュ・ヴィガレロ監修『感情の歴史』第2巻「啓蒙の時代から19世紀末まで」藤原書店，2020年など．論考「テオドール・ド・バンヴィルにおける詩的シャンソンの実践」『藝文研究』2020年，119巻2号，「テオドール・ド・バンヴィル『キュプリスの呪い』に見る現代的『ポエム』の試み」『フランス語フランス文学研究』2022年121号ほかがある．

オレリアン・バロー

人類史上、かつてない試練

2023年9月25日　第1刷発行

訳　者　五味田泰（ごみたたい）

装丁者　矢部竜二 BowWow

発行者　中川和夫

発行所　株式会社 ぷねうま舎
〒162-0805　東京都新宿区矢来町122　第二矢来ビル3F
電話 03-5228-5842　　ファックス 03-5228-5843
http://www.pneumasha.com

印刷・製本　真生印刷株式会社

ISBN 978-4-910154-48-0　　Printed in Japan